国家出版基金资助项目
"十四五"时期国家重点出版物出版专项规划项目

国家出版基金项目
NATIONAL PUBLICATION FOUNDATION

新能源先进技术研究与应用系列

生物质燃料的化学㶲
基于多过程热力学模型

Chemical Exergy of Biomass Fuels
A Multi-Process Thermodynamic Model Basis

张亚宁　李炳熙　著

哈尔滨工业大学出版社
HITP　HARBIN INSTITUTE OF TECHNOLOGY PRESS

内 容 简 介

本书系统地归纳、整理和总结了作者近年来在生物质燃料物化特性及其转化技术方面的研究工作,介绍了生物质燃料的定义、分类、转化、性质及特点,重点阐述了生物质燃料化学㶲的多过程热力学模型及生物质燃料的化学㶲特性,并提出了估算生物质燃料化学㶲的新经验公式。

本书内容可供工程热物理、新能源及可再生能源、生物质能工程等相关领域从事生物质能和热力学分析与应用的科研人员、工程技术人员,以及高等院校相关专业的高年级本科生和研究生参考。

图书在版编目(CIP)数据

生物质燃料的化学㶲:基于多过程热力学模型/张亚宁,李炳熙著. —哈尔滨:哈尔滨工业大学出版社,2023.5

(新能源先进技术研究与应用系列)

ISBN 978 - 7 - 5603 - 9682 - 8

Ⅰ.①生… Ⅱ.①张… ②李… Ⅲ.①生物燃料-研究 Ⅳ.①TK63

中国版本图书馆 CIP 数据核字(2022)第 075482 号

策划编辑　王桂芝

责任编辑　张　颖　马静怡

出版发行　哈尔滨工业大学出版社

社　　址　哈尔滨市南岗区复华四道街 10 号　邮编 150006

传　　真　0451 - 86414749

网　　址　http://hitpress.hit.edu.cn

印　　刷　辽宁新华印务有限公司

开　　本　720 mm×1 000 mm　1/16　印张 16　字数 302 千字

版　　次　2023 年 5 月第 1 版　2023 年 5 月第 1 次印刷

书　　号　ISBN 978 - 7 - 5603 - 9682 - 8

定　　价　92.00 元

国家出版基金资助项目

新能源先进技术研究与应用系列

编 审 委 员 会

总　序

　　能源是人类社会生存发展的重要物质基础,攸关国计民生和国家安全。当前,随着世界能源格局深刻调整,新一轮能源革命蓬勃兴起,应对全球气候变化刻不容缓。作为世界能源消费大国,牢固树立和贯彻落实创新、协调、绿色、开放、共享的发展理念,遵循能源发展"四个革命、一个合作"战略思想,推动能源生产和利用方式发生重大变革,建设清洁低碳、安全高效的现代能源体系,是我国能源发展的重大使命。

　　由于煤、石油、天然气等常规能源储量有限,且其利用过程会带来气候变化和环境污染,因此以可再生和绿色清洁为特质的新能源和核能越来越受到重视,成为满足人类社会可持续发展需求的重要能源选择。特别是在"双碳"目标下,构建清洁、低碳、安全、高效的能源体系,加快实施可再生能源替代行动,积极构建以新能源为主体的新型电力系统,是推进能源革命,实现碳达峰、碳中和目标的重要途径。

　　"新能源先进技术研究与应用系列"图书立足新时代我国能源转型发展的核心战略目标,涉及新能源利用系统中的"源、网、荷、储"等方面:

　　(1)在新能源的"源"侧,围绕新能源的开发和能量转换,介绍了二氧化碳的能源化利用,太阳能高温热化学合成燃料技术,海域天然气水合物渗流特性,生物质燃料的化学㶲,能源微藻的光谱辐射特性及应用,以及先进核能系统热控技术、核动力直流蒸汽发生器中的汽液两相流动与传热等。

(2)在新能源的"网"侧,围绕新能源电力的输送,介绍了大容量新能源变流器并联控制技术,面向新能源应用的交直流微电网运行与优化控制技术,能量成型控制及滑模控制理论在新能源系统中的应用,面向新能源发电的高频隔离变流技术等。

(3)在新能源的"荷"侧,围绕新能源电力的使用,介绍了燃料电池电催化剂的电催化原理、设计与制备,Z源变换器及其在新能源汽车领域中的应用,容性能量转移型高压大容量电平变换器,新能源供电系统中高增益电力变换器理论及其应用技术等。此外,还介绍了特色小镇建设中的新能源规划与应用等。

(4)在新能源的"储"侧,针对风能、太阳能等可再生能源固有的随机性、间歇性、波动性等特性,围绕新能源电力的存储,介绍了大型抽水蓄能机组水力的不稳定性,锂离子电池状态的监测和状态估计,以及储能型风电机组惯性响应控制技术等。

该系列图书是哈尔滨工业大学等高校多年来在太阳能、风能、水能、生物质能、核能、储能、智慧电网等方向最新研究成果及先进技术的凝练。其研究瞄准技术前沿,立足实际应用,具有前瞻性和引领性,可为新能源的理论研究和高效利用提供理论及实践指导。

相信本系列图书的出版,将对我国新能源领域研发人才的培养和新能源技术的快速发展起到积极的推动作用。

2022 年 1 月

前　言

　　生物质燃料具有净 CO_2 零排放的特点,在"双碳"宏伟蓝图的大背景下,生物质燃料的转化与利用具有重要的意义。

　　生物质燃料的化学㶲是对其燃料特性、转化过程、转化系统等做㶲分析的基础。

　　本书作者自 2008 年以来,开展生物质燃料物化特性及其转化技术的深入科学研究。基于国际上广泛采用的 Szargut 经验公式,作者深入研究了生物质燃料化学㶲的特性,并提出了多种新经验公式。相关研究成果在 *Energy*、*Fuel*、*Renewable Energy*、*International Journal of Exergy*、*Journal of Cleaner Production*、*American Journal of Biochemistry and Biotechnology* 等国际期刊上发表,并出版英文专著 *Exergy of Biomass*。

　　国际上广泛采用的 Szargut 经验公式,是一种基于燃料反应热(热值)进行修正的确定方法,通常在反应热前乘一个由元素成分确定的修正因子。由于修正因子通常大于 1,因此将直接放大生物质燃料化学㶲的估算误差。针对此问题,本书第一作者提出严格基于㶲的定义,构建生物质燃料化学㶲的多过程热力学模型,该工作得到国家自然科学基金(51606048)立项。基于此基金的资助,本书作者及课题组成员开展了生物质燃料化学㶲多过程热力学模型的深入研究,并提出了估算生物质燃料化学㶲的新经验公式。此部分研究成果构成了本书的核心。

本书共 8 章:第 1 章介绍了生物质燃料的定义、分类、转化、分析基准、物理性质、化学性质、排放特性及特点;第 2 章综述了生物质燃料化学㶲的估算方法;第 3 章详细介绍了生物质燃料化学㶲的多过程热力学模型,并进行了表征;第 4 章对多过程热力学模型进行验证;第 5～8 章分别介绍了木质生物质、稻壳、稻草、麦秸秆等燃料的化学㶲,并提出了新的估算公式。

同时,本书内容得到国家自然科学基金(52076049)、国家留学基金(201506125122)、中国博士后科学基金(2014M551240)、黑龙江省博士后科研启动金(LBH－Q18054)、哈尔滨市科技创新人才研究专项基金(2014RFQXJ078)、哈尔滨工业大学科研创新基金(HIT. NSRIF. 2015080)等项目的支持。

感谢哈尔滨工业大学能源科学与工程学院姜宝成教授、张昊春教授等同事的协助与支持;感谢课题组研究生们的辛勤工作与大力支持,参与该项工作的研究生主要有刘丙旭、付文明、广萌萌、许平飞、虞翔宇、刘涛、可存峰、王茜等;感谢加拿大 Abdel Ghaly 教授(Dalhousie University)和 Roger Ruan 教授(University of Minnesota Twin Cities)对本书第一作者的悉心指导和辛勤培养。

本书是在归纳、整理和总结已发表和即将发表的科研成果的基础上完成的一本学术专著。希望本书的出版能对生物质燃料的物化特性及其转化技术的相关研究起到积极的促进作用。

由于本书著述的是新的研究成果,书中难免有疏漏及不足,作者热切希望读者和同行专家提出宝贵的批评意见和建议,以便有机会再版时扩充和修订。我们的邮箱分别是 ynzhang@hit. edu. cn 和 libx@hit. edu. cn。

张亚宁　李炳熙
2023 年 3 月于哈尔滨工业大学

目　录

第1章

绪　论

生物质燃料具有净 CO_2 零排放的特点,在"双碳"宏伟蓝图的大背景下,其转化与利用具有重要的意义。本章作为绪论部分,首先介绍生物质燃料的定义,然后从农业生物质燃料、林业生物质燃料、畜禽废弃物、城市固体有机废弃物和水生植物燃料的角度介绍生物质燃料的分类,以及生物质燃料的物理、化学、生物等转化方法。同时,在生物质燃料收到基、空气干燥基、干燥基和干燥无灰基的分析基础上,介绍生物质燃料的水分、粒径、密度、空隙率等主要物理性质,工业分析、元素分析和热值等主要化学性质,生物质燃料的 CO_2、NO_x、SO_x 以及环境效应等排放特性。最后,总结生物质燃料的特点和益处,并介绍世界上主要国家/地区生物质燃料/能源的目标和规划。

1.1 概　　述

生物质（biomass）最早出现于 1931 年，可以定义为自然界中有生命的或来源于有生命的有机物质，包括动物、植物、微生物及其衍生物。

2005 年 2 月 28 日，第十届全国人民代表大会常务委员会第十四次会议通过的、自 2006 年 1 月 1 日起实行的《中华人民共和国可再生能源法》将生物质的含义解释为：生物质能，是指利用自然界的植物、粪便以及城乡有机废弃物转化成的能源。

生物质英文词汇"biomass"的前缀"bio"来源于希腊字母"bios"，表示"mode of life（生命模式）""life（生命）""living organism（生物有机体）"等含义，其使得生物质燃料与碳、蜡烛等（无生命的或来源于非生命体的）燃料有着本质不同。同时，生物质的"life（生命）"意味着其（曾）是有生命的或可再生的，并能在较短的时间内获取，使得生物质燃料与煤、石油等化石燃料（生成周期上千万年甚至上亿年）有着本质上的不同。

同时，生物质/生物质燃料在各种处理（例如粉粹、干燥、成型）和转化（例如热解、气化）之后仍可以是生物质/生物质燃料，例如生物质燃料在烘焙、热解等热化学处理之后可制备生物碳，获得更高品质的燃料。

1.2 生物质燃料的分类

生物质燃料主要来源于农业作物、林业植物、畜禽粪便、城市有机废弃物、海洋生物等有机物质，主要包括农业生物质燃料、林业生物质燃料、畜禽废弃物、城市固体有机废弃物、水生植物燃料等。在一些文献中，生物质燃料还可以来源于其他有机体，例如废水、细菌、真菌等。

1.2.1 农业生物质燃料

农业生物质燃料是指农业生产过程中产生的有机固体燃料，主要包括农业生产过程中的废弃物，如农作物收获时产生的农作物秸秆；农业加工过程的废弃物，如水稻加工时剩余的稻壳；能够提供能源的能源植物及其废弃物，通常包括草本能源作物、油料作物等能源植物及其废弃物。

表1.1 所示为农业生产、加工过程中产生的生物质燃料，主要包括稻草、稻壳、麦秸秆、玉米叶、玉米芯、玉米秸、甘蔗渣、甘蔗皮、草叶、草茎等。

表 1.1 农业生产、加工过程中产生的生物质燃料

农作物	生物质燃料	文献
水稻/大米	稻草	[7]
	稻壳	[8]
麦	小麦秸秆	[7]
	大麦秸秆	[7]
	燕麦秸秆	[9]
玉米	玉米叶	[10]
	玉米芯	[11]
	玉米秸	[12]
	玉米渣	[13]
甘蔗	甘蔗渣	[14]
	甘蔗皮	[8]
能源蔗	甘蔗叶	[15]
	甘蔗茎	[15]
草	草叶	[15]
	草茎	[15]

农业生物质燃料的主要成分是纤维素、半纤维素和木质素，见表1.2。22种农业生物质燃料纤维素、半纤维素和木质素的质量分数分别在28％～49.85％、15％～35％和4％～36.02％之间。整体来讲，农业生物质燃料的纤维素质量分数最高，其次为半纤维素和木质素。

表 1.2 农业生物质燃料的主要成分

种类	质量分数/%			文献
	纤维素	半纤维素	木质素	
稻草	35.00	25.00	12.00	[16]
稻草	40.00	18.00	7.00	[7]
稻草	42.00	20.00	26.00	[17]
稻壳	30.42	28.03	36.02	[8]
小麦秸秆	40.00	28.00	16.00	[7]
高粱秆	44.00	35.00	15.00	[7]
大麦秸秆	43.00	30.00	7.00	[7]
玉米秸	37.00	27.00	18.00	[18]
玉米秸	46.00	35.00	19.00	[7]
玉米秸	48.30	31.37	14.46	[13]
甘蔗渣	33.00	30.00	29.00	[7]
甘蔗渣	49.85	28.36	14.92	[14]
甘蔗渣	46.55	27.40	20.61	[8]
甘蔗皮	41.11	26.40	24.31	[8]
柳枝稷草	37.66	32.17	25.94	[19]
芒草	40.71	29.04	24.96	[19]
杂交狼尾草	41.52	29.65	23.81	[19]
南荻	40.77	29.82	25.14	[19]
能源蔗叶	35~39	26~29	5~7	[15]
能源蔗茎	28~34	15~24	5~6	[15]
草叶	31~38	24~30	4~5	[15]
草茎	39~49	17~23	7~13	[15]

1.2.2 林业生物质燃料

林业生物质燃料是指森林生长和林业生产过程中产生的有机固体燃料,主要包括薪炭林、零散木材、树丫、树枝、树叶、树皮、木屑、果壳、果核等。

林业木材可以分为软木和硬木,表1.3所示为主要的软木和硬木种类。

表1.3 主要的软木和硬木种类

林木	名称	文献
软木	松树	[20]
	云杉	[20]
	冷杉	[21]
	针叶树	[22]
	刺菜蓟	[22]
	金雀花树	[22]
	雪松	[22]
	圣诞树(鱼骨松)	[22]
硬木	杨树	[20]
	杂交杨树	[7]
	山杨木	[23]
	桉树	[20]
	柳树	[20]
	橡树	[20]
	柑橘类果树	[20]
	橄榄树	[20]
	泡桐	[20]
	沙柳	[24]

林业生物质燃料的主要成分是纤维素、半纤维素和木质素,见表1.4。16种林业生物质燃料纤维素、半纤维素和木质素的质量分数分别在22.10%~59.70%、6.80%~39%和15.50%~53.80%之间。整体来讲,林业生物质燃料的纤维素质量分数最高,其次为木质素和半纤维素。与农业生物质燃料相比,林业生物质燃料含有较多的木质素。

表 1.4　林业生物质燃料的主要成分

种类	质量分数/%			文献
	纤维素	半纤维素	木质素	
山杨木	53.00	27.00	19.00	[23]
木屑	48.00	15.00	32.00	[16]
棕榈树	59.70	22.10	18.10	[25]
油棕树	23.70	21.60	29.20	[26]
柳树碎屑	37.20	36.00	18.70	[27]
刺槐	42.00	18.00	27.00	[7]
杨树	50.8~53.3	26.2~28.7	15.5~16.3	[28]
杂交杨树	45.00	19.00	26.00	[7]
桉树	50.00	13.00	28.00	[7]
云杉	43.00	26.00	29.00	[7]
松树	45.00	20.00	29.00	[7]
松树	45.0~50.0	25.0~35.0	25.0~35.0	[28]
松针	29.70	6.80	23.00	[29]
软质木	40~45	30.00	26~34	[30]
阔叶树木材	40~50	23~39	20~30	[30]
核桃壳	22.10	19.90	53.80	[29]

1.2.3　畜禽废弃物

畜禽废弃物是指在畜禽养殖和加工过程中产生的有机废弃物,主要包括畜禽粪便、畜禽残余物等。

表 1.5 所示为畜禽粪便、畜禽残余物的主要成分。

表 1.5 畜禽粪便、畜禽残余物的主要成分

种类	成分	文献
畜禽粪便	牛栏粪	[31]
	牛粪	[9]
	鸡粪	[32]
	猪粪	[33]
	羊粪	[34]
	山羊粪肥	[34]
	禽粪	[33]
	农家粪肥	[33]
	马粪	[33]
畜禽残余物	毛皮	[35]
	毛发	[36]
	胃液	[37]
	血液	[37]
	脂肪	[38]
	骨头	[39]

1.2.4 城市固体有机废弃物

城市固体有机废弃物主要由城镇居民生活垃圾以及商业、服务业、建筑业垃圾等固体有机废弃物组成。城市固体有机废弃物的成分主要包括餐厨垃圾、塑料垃圾、果皮、纸屑等。城市固体有机废弃物的成分组成比较复杂,受当地居民生活水平、能源消费结构、城镇建设、自然条件、传统习惯、气候特征等多种因素影响。表1.6所示为不同国家/地区不同城市垃圾的主要成分及质量分数。

表 1.6 不同国家/地区不同城市垃圾的主要成分及质量分数

国家/地区	城市垃圾成分	质量分数/%	文献
印度孟买	塑料	6.26	[40]
	庭园垃圾	49.1	
	食物垃圾	1.19	
	纸张	9.1	
	纺织品	4.85	
	聚苯乙烯	0.41	
	土	20.81	
	橡胶	0.32	
	石头	1.94	
	金属	1.62	
	其他	4.45	
巴西维索萨	塑料	32	[41]
	金属	1.5	
	防腐包装	3	
	纸张	8	
	纺织品	3	
	有机物	52.5	
澳大利亚布里斯班	食物垃圾	29.4	[42]
	庭园垃圾	26.9	
	打印纸	7.3	
	包装纸	4.5	
	包装塑料	1.8	
	其他塑料	6.2	
	纺织品	2.4	
	废木料	2.6	
	其他可燃物	3.5	

续表1.6

国家/地区	城市垃圾成分	质量分数/%	文献
葡萄牙 波尔图	腐烂残渣	37.57	[43]
	纸张	6.16	
	硬纸板	4.31	
	复合材料	6.39	
	纺织品	7.74	
	卫生纺织品	8.72	
	塑料	2.4	
	可燃物	12.10	
	玻璃	5.53	
	金属	2.45	
	非可燃物	0.50	
	有害残留物	0.01	
	精细物	7.59	

1.2.5　水生植物燃料

水生植物燃料是指来源于水生植物的有机体,主要包括藻类、水草等。与其他水生植物相比,藻类具有如下特点:

(1)生长快。

(2)为非食物资源。

(3)分子结构简单。

(4)富含脂质。

(5)能在盐碱地、废水中生长。

(6)能捕集二氧化碳。

(7)无毒。

(8)可生物降解等。

藻类主要是真核生物,不包含光合细菌。即便如此,已发现和识别的藻类达4万多种,而且尚有更多未被发现或识别。

藻类可以分为大藻和微藻两类,大藻的长度可达60 m,而微藻的长度均小于

0.4 mm。大藻是多细胞的细丝状的海藻,根据其颜色可以分为三类:红藻、绿藻、褐藻。微藻是单细胞的植物性浮游生物,根据其颜色可以分为四类:硅藻、绿藻、蓝藻、金藻。

藻类的主要成分是蛋白质、碳水化合物和脂质,见表 1.7。大藻的蛋白质、碳水化合物和脂质分别在 5.06%～20.93%、11.6%～56.25% 和 6.99%～15.70%之间变化,微藻的蛋白质、碳水化合物和脂质分别在 6.00%～71.00%、4.00%～57.00%和 1.90%～40%之间变化。与大藻相比,微藻有较多的蛋白质和脂质。

表 1.7　大藻和微藻的主要成分及质量分数　　　　　　　　　%

藻	蛋白质	碳水化合物	脂质
大藻			
Hypnea valentiae	11.8～12.6	11.8～13.0	9.6～11.6
Acanthophora spicifera	12.0～13.2	11.6～13.2	10.0～12.0
Laurencia papillosa	11.8～12.9	12.0～13.3	8.9～10.8
Ulva lactuca	11.4～12.6	11.6～13.2	9.6～11.4
Caulerpa racemosa	11.8～12.5	16.0	9.0～10.5
Ulva reticulate	12.83	16.88	8.50
Enteromorpha compressa	7.26	24.75	11.45
Chaetomorpha aerea	10.13	31.50	8.50
Chaetomorpha antennina	10.13	27.00	11.45
Chaetomorpha linoides	9.45	27.00	12.00
Cladophora fascicularis	15.53	49.50	15.70
Microdictyon agardhianum	20.93	27.00	9.40
Boergesenia forbesii	7.43	21.38	11.42
Valoniopsis pachynema	8.78	31.50	9.09
Dictyosphaeria cavernosa	6.00	42.75	10.51
Caulerpa cupressoides	7.43	51.75	10.97
Caulerpa peltata	6.41	45.00	11.42
Caulerpa laetevirens	8.78	56.25	8.80

续表1.7

藻	蛋白质	碳水化合物	脂质
Caulerpa racemosa	8.78	33.75	10.63
Caulerpa fergusonii	7.76	23.63	7.15
Caulerpa sertularioides	9.11	49.50	6.99
Halimeda macroloba	5.40	32.63	9.89
Codium adhaerens	7.26	40.50	7.40
Codium decorticatum	6.08	50.63	9.00
Codium tomentosum	5.06	29.25	7.15
微藻			
Scenedesmus obliquus	50~56	10~17	12~14
Scenedesmus quadricauda	47	—	1.9
Scenedesmus dimorphus	8~18	21~52	16~40
Chlamydomonas rheinhardii	48	17	21
Chlorella vulgaris	51~58	12~17	14~22
Chlorella pyrenoidosa	57	26	2
Spirogyra sp.	6~20	33~64	11~21
Dunaliella bioculata	49	4	8
Dunaliella salina	57	32	6
Euglena gracilis	39~61	14~18	14~20
Prymnesium parvum	28~45	25~33	22~39
Tetraselmis maculata	52	15	3
Porphyridium cruentum	28~39	40~57	9~14
Spirulina platensis	46~63	8~14	4~9
Spirulina maxima	60~71	13~16	6~7
Synechoccus sp.	63	15	11
Anabaena cylindrica	43~56	25~30	4~7

与微藻相比,大藻生长更快,体积产率更高,密度也更大。但是,大藻细胞壁的消化性/降解性低,使得其很难用于生物质燃料生产,因此用大藻生产生物质燃料受到的关注较少。

而微藻(例如蓝细菌)可以通过光合作用在类囊体的膜中储存更多的脂质,使得微藻比大藻更适合于脂质生产,或用作生产生物柴油的原料。同时,微藻含有较多的碳水化合物,使得其可以作为生产生物乙醇的碳源。因此,通过藻类生产生物质燃料有较多的研究和应用。

1.3　生物质燃料的转化

生物质可以直接利用,例如木材可以建造楼宇庭阁、制作家具,稻草可以搭建屋顶、编制草绳等。当生物质用作燃料时,其可以直接燃烧,用于做饭、烧水,也可以作为锅炉燃料用以供暖、发电等。

与煤相比,生物质燃料存在热值相对较低、堆积密度相对较小等突出问题,合理有效地利用生物质燃料,就是要开发高效的生物质能转化技术,将能量密度低的生物质燃料转化成便于使用的高品位能源。目前,生物质燃料的转化技术可以概括为三类:物理转化、化学转化、生物转化。

面向"双碳"目标的现代化的生物质能技术,不仅要充分利用现有的各种生物质资源,还要建立以获取能源为目的的生物质生产基地,例如种植速生的薪炭林、油料作物等能源植物,利用植物的光合作用收集太阳能,以获得能源生产和环境保护的双重效益。

1.3.1　物理转化

生物质燃料的物理转化主要指生物质固化成型技术,是将生物质粉碎到一定粒度,在一定的压力下挤压成一定的形状。固化成型后的生物质燃料较之前的生物质燃料具有更高的体积密度和能量密度。

当生物质的含油率较高时,例如棉籽、菜籽、芝麻等,直接挤压或压榨即可获得高品位的生物油。

1.3.2　化学转化

生物质燃料的化学转化主要指热化学转化,除了直接燃烧(通常称为直接利用)以外,主要包括热解、气化、液化等。

热解也称热裂解,是指在惰性氛围(例如真空、氮气等)的条件下,生物质燃料被加热到较高温度(通常高于 400 ℃)时分解成小分子的过程。热解的产物主要是生物油,还有一定量的焦炭和气体。产生的生物油主要含碳氢化合物、醇、酯、醛、酚等,是高品位的液体燃料;产生的气体也称为合成气,主要含一氧化碳、氢气、甲烷等,可以作为气体燃料使用;而产生的焦炭通常比原生物质燃料具有更高的热值。

气化是指生物质燃料与气化介质(例如空气、氧气、水蒸气、氢气、二氧化碳等)在高温(通常高于 700 ℃)时发生化学反应的过程,气化的产物主要是气体,还可能有少量的灰分和一定量的焦油。产生的气体也称合成气或气化气,主要含一氧化碳、氢气、甲烷等。气化合成气与热解合成气的主要区别是,气化合成气通常有较高的产率。整体来讲,气化产生的合成气具有较高的热值,是高品质的气体燃料,可以用作燃烧、发电的燃料,也可以进一步生产液体燃料或化工产品。

液化是指在一定条件(例如高压、催化剂等)下将生物质燃料转化成液体燃料的过程。液体燃料主要含汽油、柴油、液化石油气等液体烃类燃料,有时还含有甲醇、乙醇等醇类燃料。按化学加工过程的技术路线,液化可分为直接液化和间接液化。直接液化通常是将生物质燃料在高压(高达 5 MPa)、催化剂(例如 Na_2CO_3 溶液)和一定温度(250~400 ℃)下与氢气发生反应,直接转化为液体燃料。间接液化是将生物质燃料气化得到的合成气,经分离、调制、催化反应后得到液体燃料。与热解相比,液化得到的生物油具有更好的物理稳定性和化学稳定性。

1.3.3 生物转化

生物质燃料的生物转化是指采用微生物发酵的方法将生物质燃料转化成气体燃料或液体燃料,主要包括沼气技术和燃料乙醇技术。

生物质燃料在一定温度、湿度、酸碱度和缺氧的条件下,经过厌氧微生物发酵分解和转化后产生沼气。沼气的主要成分是甲烷(体积分数一般为 60%~70%)和二氧化碳(体积分数一般为 30%~40%),还有少量的氢气、氮气、一氧化碳、硫化氢、氨等。沼气具有较高的热值,既可以作为生活用气,也可以作为工业燃料。生成沼气所用的原料通常是农作物秸秆、人畜粪便、树叶杂草、有机废水、生活垃圾等,这些生物质燃料如果不加以妥善利用,不仅会造成能源的浪费,还可能导致环境的污染。在农村,沼气工程可以和养殖业、种植业等结合起来,后者为前者提供原料,发酵后的沼渣、沼液又可以为后者提供部分肥料,从而实现生物质的综合利用和能源与环境的良性循环。在城镇，用沼气发酵处理有机废弃物，既保护了环境，又获得了能源。

燃料乙醇的生产工艺依据原料的成分主要可分为两类：一类是将富含糖类的生物质燃料经直接发酵转化为燃料乙醇；另一类是将含淀粉、纤维素的生物质燃料，先经酶解转化为可发酵糖分，再经发酵转化为燃料乙醇。通过上述方式发酵生产的乙醇可应用于化工、医疗和制酒业，还可以用作能源工业的基础原料。例如，乙醇经进一步脱水后可以和汽油按一定比例混合，从而成为很好的汽车燃料，可以用于汽油发动机汽车、灵活燃料汽车、乙醇发动机汽车等。

1.4 生物质燃料的分析基准

对生物质燃料的物理、化学等特性进行分析前，通常会明确所采用的基准。这些基准通常可以分为四种：收到基、空气干燥基、干燥基、干燥无灰基。本节对这四种基准做简要介绍。

1.4.1 收到基

收到基（as received basis）是指（生物质）燃料在分析之前不做任何处理（主要是干燥）。在这种情况下（由于未做任何处理），生物质燃料通常含有很高的水分。例如，绿色植物的水分可高达 90%，藻类生物质的水分可高达 99%。

以上提到的"不做任何处理"并不意味着没有任何处理或没有任何处理的效果。例如，生物质燃料（例如稻草、稻秸秆等）在（通过水稻加工）获得之前可能由于原材料（水稻）在自然环境中的曝晒和存放而析出大量水分，可能导致生物质燃料在获得时即有较少的水分。

生物质燃料的高水分给生物质燃料的转化和利用造成了困难，尤其是其燃烧、气化、热解等热化学转化过程，这是因为在到达合理的热化学转化温度（通常在 300 ℃以上）之前，水分的蒸发将消耗大量的能量。当生物质燃料的水分超过 30%以后，生物质燃料可能无法着火。

生物质燃料的水分包括外部水或外在（external）水、内部水或内在（inherent）水和结晶（crystalline）水。外部水是指附着于燃料表面的水和存在于直径大于 0.1 μm 的毛细孔中的水分。这种水以机械的方式（如附着、吸附等）与燃料结合，在常温下容易失去。内部水是指吸附或凝聚在燃料内部直径大于 0.1 μm的毛细孔中的水分。这种水以物理化学的方式与燃料结合，故较难蒸发除去。但是在较高温度(例如 105～110 ℃)和较长时间(1.0～1.5 h)的条件下,可以除去。结晶水是指以化学方式与燃料中矿物质结合的水,在 200 ℃ 以上才能通过化学反应从燃料中分解、析出。外部水和内部水属于游离水,结晶水则为化合水。

生物质燃料的收到基数据包括外部水、内部水和结晶水。

1.4.2 空气干燥基

空气干燥基(air dry basis)是指(生物质)燃料在分析之前在空气环境中(还可能有日照)存放一段时间,然后再进行测试、分析。这种测试、分析的结果受空气环境参数(环境温度、空气湿度、日照强度等)和存放时间影响,在环境温度较高(例如 30～40 ℃)、空气湿度较低、日照强度较强、存放时间较长时,生物质燃料的水分可能很低,进一步使得其他特性(例如挥发分质量分数、灰分质量分数、热值等)的数值可能很高。

生物质燃料的空气干燥基数据主要包括内部水和结晶水,还可能包括部分外部水。

1.4.3 干燥基

干燥基(dry basis)是指(生物质)燃料在分析之前经过某种方式干燥后再进行测试、分析。干燥方式主要包括两类:空气氛围加热和惰性气体(例如氮气)氛围加热。

对于空气氛围加热干燥,各国、地区或组织有不同的标准和要求。例如美国《木材和木基材料的直接水分测量用标准试验方法》(ASTM D4442—2016)规定,生物质燃料样品在干燥炉中干燥,干燥温度为(103±2)℃,直至在 3 h 内生物质燃料样品的质量变化在 2 mg 以内。《煤和焦炭分析样品中水分的标准测试方法》(ASTM D3173—11)规定,燃料样品在干燥炉中干燥时,每个样品的质量约为 1 g,干燥温度为 104～110 ℃,干燥时间为 1 h。《用于确定生物质中总固体的标准测试方法》(ASTM E1756—08)规定,生物质燃料样品在马弗炉中干燥,干燥温度为(105±3)℃,干燥时间为不低于 3 h 但不超过 72 h;干燥后、称量前,干燥的生物质燃料应进行冷却;以上测试、分析过程应重复多次,直至测试结果保持不变。我国也有生物质燃料水分测定时采用的干燥的国家标准,例如《固体生物质燃料全水分测定方法》(GB/T 28733—2012)规定,生物质燃料样品在空气干燥箱中干燥,干燥温度控制为(105±2)℃,直至热空气流中的生物质燃料样品的质量恒定,然后趁热称量。

对于氮气氛围加热干燥,生物质燃料的测试、分析结果也受各种标准、规定的影响。即使规定的参数与空气氛围加热干燥的参数(例如干燥温度、时间等)相同,测试、分析的结果(精确来讲)通常也不同,因为空气氛围加热干燥法中使用的空气通常也含有一定的水分,会影响测试、分析的结果。

生物质燃料的干燥基数据主要包括结晶水,还可能包括部分内部水。

1.4.4　干燥无灰基

干燥无灰基(dry ash free basis)是指(生物质)燃料的分析结果是基于干燥和无灰两个基准。干燥即 1.4.3 节中提到的干燥。无灰并不是对生物质燃料采用某种技术或方法进行现实的去灰处理,而是对生物质燃料的分析结果、数据做去灰处理或计算。

生物质燃料的水分和灰分均会影响生物质燃料的特性,例如高的水分和灰分会降低生物质燃料的热值。同时,灰分的成分比较复杂,可能会给生物质燃料结果、数据的分析带来困难。因此,在经过干燥和无灰处理后,干燥无灰基数据更利于生物质燃料结果、数据的分析。

1.4.5　四种基准之间的关系

经过以上四种基准的分析,可以得到收到基、空气干燥基、干燥基、干燥无灰基数据之间的关联关系。

图 1.1 所示为生物质燃料中收到基、空气干燥基、干燥基、干燥无灰基数据与有机化合物(organic compound)、灰分(ash)和水分(moisture)之间的关联关系。对于生物质燃料的水分,其收到基、空气干燥基、干燥基、干燥无灰基数据的关系是:收到基水分≥空气干燥基水分≥干燥基水分(干燥基水分和干燥无灰基水分均为零);对于生物质燃料的灰分,其收到基、空气干燥基、干燥基、干燥无灰基数据的关系是:收到基灰分≤空气干燥基灰分≤干燥基灰分(干燥无灰基灰分为零);对于生物质燃料的挥发分、固定碳、热值等其他特性,收到基、空气干燥基、干燥基、干燥无灰基数据的关系是:收到基数据≤空气干燥基数据≤干燥基数据≤干燥无灰基数据。

其实,基于不同基准的数据可以相互转换。表 1.8 所示为不同基准之间数据的转换关系。可以根据分析的需要(哪种基准的数据)以及已有的条件(水分质量分数、灰分质量分数等)计算、获得相应基准下的数据。

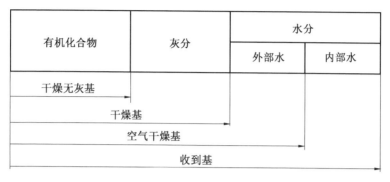

图 1.1　四种基准之间的关系

表 1.8　不同基准之间数据的转换关系

基准	收到基	空气干燥基	干燥基	干燥无灰基
收到基	1	$\dfrac{1-M_{ad}}{1-M_{ar}}$	$\dfrac{1}{1-M_{ar}}$	$\dfrac{1}{1-M_{ar}-A_{ar}}$
空气干燥基	$\dfrac{1-M_{ar}}{1-M_{ad}}$	1	$\dfrac{1}{1-M_{ad}}$	$\dfrac{1}{1-M_{ad}-A_{ad}}$
干燥基	$1-M_{ar}$	$1-M_{ad}$	1	$\dfrac{1}{1-A_{d}}$
干燥无灰基	$1-M_{ar}-A_{ar}$	$1-M_{ad}-A_{ad}$	$1-A_{d}$	1

注:M,水分;A,灰分;下标 ar 表示收到基,下标 ad 表示空气干燥基,下标 d 表示干燥基。

1.5　生物质燃料的物理性质

生物质燃料的物理性质主要包括水分、粒径、密度、空隙率等,有些文献中还包括比热容、热导率等。本节对生物质燃料的水分、粒径、密度、空隙率等主要物理性质做简要介绍。

1.5.1　水分

生物质燃料的水分(moisture content)也称水分质量分数、含水量或含水率,

其定义为生物质燃料中水分的质量占生物质燃料质量的百分比,可通过下式
计算:

$$生物质燃料的水分 = \frac{m_{水分}}{m_{生物质}} \times 100\% \tag{1.1}$$

式中　$m_{水分}$——水分的质量,g 或 kg;

　　　$m_{生物质}$——生物质燃料的质量,g 或 kg。

　　生物质燃料的水分可以参考不同的标准进行测量,例如 1.4.3 节中已做介绍的 ASTM D4442—2016、ASTM D3173—11、ASTM E1756—08、GB/T 28733—2012 等标准。自然,参考不同标准测量得到的生物质燃料的水分可能有较大不同。

　　表 1.9 所示为生物质燃料在不同干燥温度时的水分。随着干燥温度的升高,生物质燃料析出的水分增多,生物质燃料的水分也增加。当干燥的平均温度由 80 ℃升高到 105 ℃时(增加了 31.25%),生物质燃料的水分由 3.52%～49.86%增加到 4.08%～50.27%(增加了 0.10%～15.91%)。

　　同时,在测量过程中,也会产生各种误差。因此,生物质燃料的水分通常取多次测量的平均值。

　　另外,生物质燃料的收集方式、储存条件等因素也会影响到生物质燃料水分的具体数值。

表 1.9　生物质燃料在不同干燥温度时的水分　　　　　　　　　%

生物质燃料	80 ℃	105 ℃
桦树皮	45.94	46.49
桦树碎片	40.63	40.67
软木	3.52	4.08
硬木	14.37	14.48
桉树	45.99	46.21
芒草	37.32	37.59
橄榄石料	8.90	9.35
多脂树木材	12.85	13.47
沙柳	28.00	28.20
云杉碎片	20.04	20.40
云杉针	49.86	50.27
黑小麦	11.98	12.90

1.5.2 粒径

生物质燃料的粒径大小和分布影响其存放空间的大小和运输的费用,因此也是一个重要的物理特性。生物质燃料的粒径可用其真实粒径的大小来表示,也可用进行筛分的筛孔的大小来衡量。通常,生物质燃料在进行粉碎等加工过程后,其粒径大小并不均一,因此,生物质燃料的粒径通常用进行筛分的筛孔的大小来衡量。

生物质燃料在进行筛分时,其采用的筛子对应一定的直径;通常会采用多个筛子,因此会有多个直径;生物质燃料的粒径则通过多个筛子的直径来表示,通常表示为质量分数。表 1.10 所示为玉米芯、玉米叶、玉米茎等不同玉米废弃物在经过粉碎之后的粒径分布。可以看出,玉米植物不同的部位在经过相同方式处理后,其粒径大小不同。图 1.2 所示为玉米芯、玉米叶、玉米茎等不同玉米废弃物在经过粉碎之后的粒径分布。可以看出,玉米植物不同的部位在经过相同方式处理后,其粒径分布特性有很大差异。

表 1.10　不同玉米废弃物的粒径分布

粒径/mm	质量分数[①]/%		
	玉米芯	玉米叶	玉米茎
0~0.212	18.23	4.03	8.49
>0.212~0.300	9.19	4.19	8.70
>0.300~0.355	6.15	3.89	10.67
>0.355~0.425	5.30	5.83	12.60
>0.425~0.500	6.90	7.78	16.93
>0.500~0.710	10.98	12.70	23.47
>0.710~0.850	17.99	21.48	12.45
>0.850	25.26	40.10	6.69

注:①3 次试验平均值。

生物质燃料粒径大会增加其存放的空间和运输的费用,因此,有必要采取手段和方法减小生物质燃料的粒径。

生物质燃料的粉碎方法主要有三种:①采用刀片切碎(knife);②通过击打的方式敲碎(hammer);③通过磨的方式磨碎(attrition)。不同的粉碎方式会有不同的粉粹效果,同时,不同的生物质燃料即使采用相同的粉粹方式,也有不同的

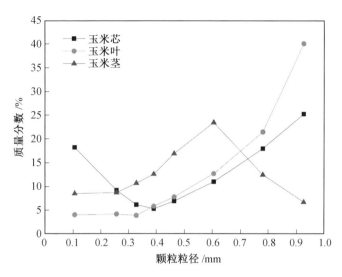

图 1.2 不同玉米废弃物的粒径分布

粉碎效果。

表 1.11 所示为不同生物质燃料采用不同粉碎方式时的粒径和能耗。整体上,草本燃料较木质燃料更容易被粉碎。例如将秸秆、玉米秸、柳枝稷等草本燃料采用敲碎方式粉粹成 1.6 mm 粒径时消耗 14~52(kW·h)/t 的能量,而将硬木、杨树等木质燃料同样采用敲碎方式粉粹成 1.6 mm 粒径时却消耗 100~150(kW·h)/t的能量。

敲碎方式比切碎方式消耗更多的能量,而磨碎方式比敲碎方式和切碎方式消耗更多的能量。例如将杨树燃料粉碎到 1.6 mm 粒径时,敲碎方式消耗 100~150(kW·h)/t 的能量,而磨碎方式却消耗 >200(kW·h)/t 的能量;将秸秆燃料粉碎到 1.6 mm 粒径时,敲碎方式消耗 37~50(kW·h)/t 的能量,而切碎方式却消耗 <10(kW·h)/t 的能量。

因此,生物质燃料的粒径确定应该综合考虑存放空间、运输成本、加工方式、能量消耗等多种因素,同时还要考虑其利用效果(例如流化床反应器对燃料的粒径有严格的要求)。

表 1.11　不同生物质燃料采用不同粉粹方式时的粒径和能耗

生物质燃料	粉碎方式	燃料粒径/mm	能耗/((kW·h)·t^{-1})
木质燃料			
硬木	切碎、敲碎	1.6	130
山杨	磨碎	1.6	>200
山杨	敲碎	1.6	100～150
山杨	切碎	1.6	100～150
杨树	敲碎	<1(95%)	85
松树	敲碎	<1(95%)	118
松树皮	敲碎	<1(95%)	20
杂交杨树	磨碎	<2.5(>80%)	>130
杂交杨树	敲碎	<3.5(>80%)	88～112
草本燃料			
秸秆	切碎	1.6	7.5
	切碎	1.6	<10
	敲碎	1.6	42
	敲碎	1.6	50
	敲碎	1.6	37
	敲碎	3.2	28～35
玉米秸	切碎	3.2	20
	敲碎	1.6	14
	敲碎	1.6	15
	敲碎	3.2	28～35
柳枝稷	敲碎	1.6	52
	敲碎	3.2	28～35

1.5.3　密度

生物质燃料的密度不仅影响其存放空间的大小和运输费用的高低,还影响其转化装置的尺寸大小和转化过程的效率高低,因此,其也是生物质燃料的一个重要的物理性质。

生物质燃料的密度有三种类型:①堆积密度(bulk density);②表观密度(apparent density);③真实密度(true density)。

生物质燃料的堆积密度定义为生物质燃料单位体积的质量,可以通过下式来计算求取,即

$$\rho_{堆积} = \frac{m_{生物质}}{V_{生物质}} \tag{1.2}$$

式中　$\rho_{堆积}$——生物质燃料的堆积密度,kg/m^3;

　　　$m_{生物质}$——生物质燃料的质量,kg;

　　　$V_{生物质}$——生物质燃料的体积,m^3。

式(1.2)中生物质燃料的体积($V_{生物质}$)包含生物质燃料颗粒之间的空隙以及生物质燃料颗粒内部的空隙。因此,生物质燃料的堆积密度与其粒径大小或分布有一定的关联关系。

Zhang 等研究了稻草、稻壳、麦秸秆等生物质燃料的平均粒径和堆积密度。表 1.12 所示为不同生物质燃料的平均粒径和堆积密度。图 1.3 所示为生物质燃料的堆积密度与平均粒径之间的关系。Zhang 等在此基础上提出了稻草、稻壳燃料的堆积密度与平均粒径之间的关系式,即

$$BD = 705.52 - 710.20PS(稻壳:R^2 = 1.00) \tag{1.3}$$

$$BD = 359.63 - 484.57PS(稻草:R^2 = 0.97) \tag{1.4}$$

式中　BD——生物质燃料的堆积密度,kg/m^3;

　　　PS——生物质燃料的平均粒径,mm。

表 1.12　不同生物质燃料的平均粒径和堆积密度

燃料	平均粒径/mm	堆积密度[①]/(kg·m⁻³)
稻壳		
1	0.462	377.24
2	0.527	331.59
3	0.507	344.97
4	0.458	380.54
稻草		
1	0.396	166.29
2	0.406	162.03
3	0.383	177.23
4	0.339	194.48

注:①3 次试验平均值。

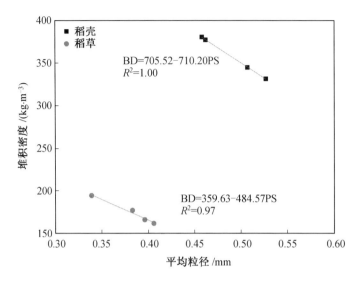

图 1.3　生物质燃料的堆积密度与平均粒径之间的关系

生物质燃料的表观密度定义为生物质燃料单位表观体积的质量,可以通过下式来计算求取:

$$\rho_{表观} = \frac{m_{生物质}}{V_{生物质}}$$

(1.5)

式中　$\rho_{表观}$——生物质燃料的表观密度,kg/m^3;

$m_{生物质}$——生物质燃料的质量,kg;

$V_{生物质}$——生物质燃料的表观体积,m^3。

式(1.5)中生物质燃料的表观体积($V_{生物质}$)仅包含生物质燃料颗粒内部的空隙,因此其小于式(1.2)中生物质燃料的体积。进一步可以推断,生物质燃料的表观密度大于堆积密度。表 1.13 所示为不同生物质燃料的堆积密度和表观密度,由数据可见,生物质燃料的表观密度(547.9~630.1 kg/m^3)远大于堆积密度(100~450 kg/m^3)。

表 1.13　不同生物质燃料的堆积密度和表观密度

生物质燃料	堆积密度/(kg·m⁻³)	表观密度/(kg·m⁻³)
锯末	150~200	570.3
花生壳	200~250	566.8
椰子壳	400~450	547.9
稻壳	100~140	630.1

如果已知生物质燃料的填料空隙（即生物质燃料颗粒之间的空隙），可以通过下式计算生物质燃料的表观密度：

$$\rho_{堆积} = \rho_{表观}(1 - \varepsilon_b) \tag{1.6}$$

式中　$\rho_{堆积}$——生物质燃料的堆积密度，kg/m^3；

　　　$\rho_{表观}$——生物质燃料的表观密度，kg/m^3；

　　　ε_b——生物质燃料的填料空隙率。

生物质燃料的真实密度定义为生物质燃料的质量与其固体体积的比值，可以通过下式来计算求取：

$$\rho_{真实} = \frac{m_{生物质}}{V_{固体}} \tag{1.7}$$

式中　$\rho_{真实}$——生物质燃料的真实密度，kg/m^3；

　　　$m_{生物质}$——生物质燃料的质量，kg；

　　　$V_{固体}$——生物质燃料中固体的体积，m^3。

式（1.7）中生物质燃料中固体的体积（$V_{固体}$）不包含生物质燃料颗粒之间的空隙以及生物质燃料颗粒内部的空隙，其很难测定。Basu 给出如下关联式，可以用来确定生物质燃料的真实密度：

$$\rho_{表观} = \rho_{真实}(1 - \varepsilon_p) \tag{1.8}$$

式中　$\rho_{表观}$——生物质燃料的表观密度，kg/m^3；

　　　$\rho_{真实}$——生物质燃料的真实密度，kg/m^3；

　　　ε_p——生物质燃料中固体内空隙率。

由于式（1.7）中生物质燃料中固体的体积（$V_{固体}$）不包含生物质燃料颗粒之间的空隙以及生物质燃料颗粒内部的空隙，因此其小于式（1.5）中生物质燃料的表观体积，进一步小于式（1.2）中生物质燃料的体积。因此，生物质燃料的真实密度大于生物质燃料的表观密度，进一步大于其堆积密度。

1.5.4　空隙率

生物质燃料的空隙率是指其空隙体积与总体积的比值。根据多孔材料的应用，生物质燃料的空隙率主要有两种定义方法：一种为有效空隙率，是指生物质燃料颗粒之间的空隙体积与生物质燃料总体积的比值；另一种为绝对空隙率，是指总空隙（包含生物质燃料颗粒之间的空隙以及生物质燃料颗粒内部的空隙）体积与生物质燃料总体积的比值。一般来讲，生物质燃料的空隙率是指有效空隙率。生物质燃料的空隙率（有效空隙率）可以依据水比重瓶法通过下式计算获取：

$$P = \frac{V_i - V_f}{V_s} \times 100\% \tag{1.9}$$

式中 P——生物质燃料的空隙率,%;

V_i——生物质燃料样品体积与添加液态水体积之和,mL;

V_f——试验后生物质燃料与液态水的体积,mL;

V_s——生物质燃料样品的体积,mL。

生物质燃料的空隙率与其颗粒的形状、大小等有很大的关系,在宏观上与其粒径分布有很大的关系。表 1.14 所示为不同生物质燃料的平均粒径和空隙率。图 1.4 所示为生物质燃料的空隙率与平均粒径之间的关系。Zhang 等在此基础上提出了稻草、稻壳燃料的空隙率与平均粒径之间的关系式,即

$$P = 138.95PS(稻壳:R^2 = 1.00) \tag{1.10}$$

$$P = 209.99PS(稻草:R^2 = 1.00) \tag{1.11}$$

式中 P——生物质燃料的空隙率,%;

PS——生物质燃料的平均粒径,mm。

表 1.14 不同生物质燃料的平均粒径和空隙率

燃料	平均粒径/mm	空隙率[1]/%
稻壳		
1	0.462	64.20
2	0.527	73.23
3	0.507	70.45
4	0.458	63.64
稻草		
1	0.396	83.20
2	0.406	85.28
3	0.383	80.29
4	0.339	71.21

注:[1]3 次试验平均值。

由于生物质燃料的空隙率与平均粒径之间有较好的关联关系(图 1.4),而生物质燃料的堆积密度与平均粒径之间也有较好的关联关系(图 1.3),则生物质燃料的空隙率与堆积密度之间也有一定的关联关系。图 1.5 所示为生物质燃料的空隙率与堆积密度之间的关系。Zhang 等在此基础上提出了生物质燃料的空隙

率与堆积密度之间的关系式,即

$$BD = 705.53 - 5.11P(稻壳:R^2 = 1.00) \tag{1.12}$$

$$BD = 359.94 - 2.31P(稻草:R^2 = 0.97) \tag{1.13}$$

式中　P——生物质燃料的空隙率,%;

　　　BD——生物质燃料的堆积密度,kg/m^3。

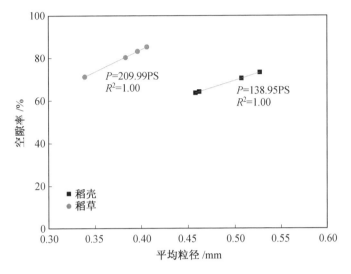

图 1.4　生物质燃料的空隙率与平均粒径之间的关系

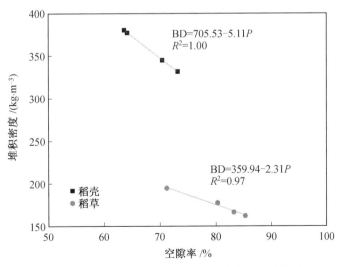

图 1.5　生物质燃料的空隙率与堆积密度之间的关系

1.6 生物质燃料的化学性质

生物质燃料的化学性质主要包括化学成分、元素成分、热值等。对于生物质燃料的热化学转化与利用,比较常规的做法是给出生物质燃料的工业分析、元素分析和热值。本节主要介绍生物质燃料的工业分析、元素分析和热值。

1.6.1 工业分析

生物质燃料的工业分析是采用近似方法测定/确定燃料中水分(M)、灰分(A)、挥发分(V)和固定碳(FC)四种成分的百分数。在有些文献中,生物质燃料的工业分析还包含热值。

生物质燃料的工业分析数据是其主要燃烧特性的指标,可以初步判断生物质燃料的性质,因此可作为生物质燃料合理利用的初步依据。

1.4.1 节已经介绍了生物质燃料的水分,接下来介绍生物质燃料的灰分、挥发分和固定碳。

生物质燃料的灰分是指生物质燃料中所有可燃物质在规定条件(例如(850±10)℃)下完全燃烧时其中的矿物质经过一系列分解、化合等复杂反应后所剩余的残渣或固体残留物。这些残渣或固体残留物占生物质燃料的质量百分比,即生物质燃料的灰分。

生物质燃料的灰分主要受测定时生物质燃料的堆放情况(燃料粒径、堆放厚度)和燃烧条件(燃烧温度等)等因素确定。在确定生物质燃料的灰分时,可依据已有的规范、标准进行。

生物质燃料和煤的工业分析的干燥基数据见表 1.15。20 种生物质燃料的灰分在 1.04%～8.98% 的范围内变化。整体来讲,生物质燃料的灰分低于煤的灰分(6.27%～65.83%)。

生物质燃料的灰分以氧化物的形式存在(主要是矿物质经完全燃烧的结果),主要包括 Al_2O_3、CaO、Fe_2O_3、K_2O、MgO、MnO、Na_2O、P_2O_5、SO_3、SiO_2、TiO_2 等氧化物。

表 1.15 生物质燃料和煤的工业分析的干燥基数据 %

燃料	灰分	挥发分	固定碳
生物质燃料			
豆角壳	5.88	85.44	8.68
向日葵壳	3.62	84.68	11.7
豆角秆	6.32	89.01	4.67
向日葵秆	8.98	85.85	5.17
樱桃秆	5.05	80.85	14.10
核桃壳	3.89	79.17	16.94
杏仁壳	4.05	77.22	18.73
花生壳	5.99	80.41	13.60
茱萸核	2.96	73.54	23.80
杏核	1.04	81.13	17.83
桃核	1.05	78.16	20.79
杏渣	3.89	80.31	15.80
桃渣	1.87	91.98	6.15
杨树	3.44	89.69	6.87
灰树	5.75	80.13	14.12
松果	6.89	77.96	15.15
豆饼	7.14	76.86	16.00
棉籽饼	4.77	83.65	11.58
油菜籽	8.13	86.27	5.60
土豆皮	6.29	84.15	9.56
煤			
无烟煤	6.27	5.34	86.85
烟煤	21.37	38.48	31.30
泥煤	65.83	27.19	2.60

  表 1.16 所示为林业生物质燃料和农业生物质燃料的灰分成分。整体来讲，农业生物质燃料含有较多的 SiO_2（可高达 98.02%），还可能含有较多的 K_2O（可高达 51.03%）和 Na_2O（可高达 4.68%）等碱性氧化物。

  表 1.17 所示为生物质燃料主要灰分成分的熔化温度。和其他氧化物相比，K_2O 和 Na_2O 有较低的熔化温度（K_2O 和 Na_2O 的熔化温度为 800～1 000 ℃，而其他氧化物的熔化温度主要在 1 566～2 799 ℃ 之间）。农业生物质燃料的较高的 K_2O 和 Na_2O 等碱性氧化物的质量分数，容易导致生物质燃料在高温转化、利用时结渣。

表 1.16 林业生物质燃料和农业生物质燃料的灰分成分

编号	Al_2O_3	CaO	Fe_2O_3	K_2O	MgO	MnO	Na_2O	P_2O_5	SO_3	SiO_2	TiO_2
林业生物质燃料/$(mol \cdot kg^{-1})$											
1	0.171	4.884	0.098	1.381	1.645	0.510	0.158	0.226	—	1.468	—
2	0.106	6.986	0.009	0.806	1.275	—	0.053	0.290	0.121	0.250	0.005
3	0.388	2.122	0.412	0.743	1.139	—	3.792	0.202	0.366	2.525	0.034
4	1.754	2.682	0.376	0.240	1.037	—	0.198	0.097	1.122	5.486	0.113
5	0.343	6.835	0.111	2.644	1.424	—	2.110	0.298	—	1.388	0.013
6	0.853	4.101	0.388	0.796	1.216	—	1.016	0.063	0.225	6.191	0.038
7	1.446	1.694	0.582	0.834	0.625	—	0.086	0.169	1.419	6.472	0.045
8	0.295	6.216	0.053	1.295	0.610	—	0.492	0.730	0.212	2.789	0.009
9	0.082	8.902	0.088	1.023	4.565	—	0.021	0.094	0.255	0.982	0.038
10	1.093	2.810	0.078	1.535	2.967	—	0.105	—	—	0.416	—
11	0.157	5.849	0.044	2.112	0.595	0.012	0.468	0.599	1.348	1.348	
农业生物质燃料/%											
12	—	2.50	—	5.80	—	—	1.00	—	88.90		
13	1.04	1.40	0.41	4.16	0.49	0.27	0.23	0.60	1.31	89.86	0.02
14	0.52	0.23	0.11	0.38	0.11	0.01	0.10	0.08	—	98.02	0.02
15	—	1.30	0.10	5.40	0.80	—	0.20	3.70	—	87.70	0.00
16	1.23	1.57	2.46	3.50	0.76	—	2.05	2.62	—	83.15	0.78
17	1.04	3.01	0.85	12.30	1.75	—	0.96	1.41	1.24	74.67	0.09

续表1.16

编号	Al$_2$O$_3$	CaO	Fe$_2$O$_3$	K$_2$O	MgO	MnO	Na$_2$O	P$_2$O$_5$	SO$_3$	SiO$_2$	TiO$_2$
18	1.19	2.47	0.43	1.39	1.35	—	0.32	0.49	0.41	89.12	0.05
19	0.19	12.88	1.26	17.78	5.52	—	4.68	1.45	1.60	50.06	—
20	7.70	24.10	2.90	15.10	3.70	—	0.80	3.40	2.60	34.30	0.40
21	1.13	9.23	0.14	38.92	1.96	0.04	2.16	1.63	—	44.72	0.03
22	1.08	11.32	0.63	23.87	5.37	—	0.70	5.95	1.45	40.33	—
23	0.63	8.43	0.59	51.03	3.07	—	1.09	5.50	2.10	26.71	—
24	1.16	5.91	0.62	40.59	2.39	—	0.85	6.10	2.00	25.59	—
25	5.60	9.98	2.81	9.16	4.30	—	0.79	7.25	1.62	53.59	—
26	5.30	3.76	2.49	10.76	2.13	—	0.97	3.00	0.70	65.54	—
27	0.28	8.92	0.24	40.98	5.33	—	0.74	8.65	2.12	14.75	—
28	1.44	15.81	1.43	18.37	5.46	—	1.55	6.37	1.15	40.31	—
29	5.89	8.11	2.52	13.92	4.05	—	0.95	9.00	1.07	47.05	—

注:1,松树;2,云杉;3,冷杉;4,针叶树;5,刺菜蓟;6,雪松;7,圣诞树;8,柳树;9,杨树;10,橡树;11,橄榄树;12~16,稻壳;17~21,稻草;22、23,小麦秸秆;24、25,大麦秸秆;26、27,燕麦秸秆;28、29,黑麦秸秆。

表 1.17 生物质燃料主要灰分成分的熔化温度

主要灰分成分(氧化物)	熔化温度/℃
Al$_2$O$_3$	2 043
CaO	2 521
Fe$_2$O$_3$	1 566
K$_2$O	800~1 000
MgO	2 799
Na$_2$O	800~1 000
SiO$_2$	1 716
TiO$_2$	1 840

生物质燃料在规定条件(例如 900 ℃、持续 7 min)下隔绝空气加热时,其中的有机质受热分解出一部分分子量较小的挥发物,包括液态(蒸气状态)产物和气态产物;挥发物质量与生物质燃料质量的比值,称为生物质燃料的挥发分。

生物质燃料的挥发分主要是由有机质中的支链和一些结合较弱的环裂解而成。此外,还有一部分是无机质分解产生的。生物质燃料挥发分的组成比较复杂,它不仅包括简单的有机化合物(如 CH_4、C_2H_2、C_2H_4、CH_2O 等)和无机化合物(如 H_2O、H_2S、CO_2 等),而且还含有许多复杂的有机化合物(如醛、酚、酯等)以及少量不挥发的有机质剧烈氧化(燃烧)的产物。总体来说,生物质燃料的挥发分主要是由有机化合物组成的。因此,可以根据挥发分的产生率来判断生物质燃料中有机物的性质,初步确定其用途(如燃烧、气化、热解等)。

生物质燃料挥发分的产率和成分不是固定的,它受生物质燃料成分的影响,也受加热温度、速率、时间等操作条件的影响。因此,生物质燃料挥发分的确定有较多的规范和标准。

豆角壳、豆角秆等20种生物质燃料的挥发分数据见表1.15,其挥发分质量分数为 $73.54\% \sim 91.98\%$。整体上,生物质燃料的挥发分高于煤的挥发分($5.34\% \sim 38.48\%$)。因此,在相同条件(粒径、温度、空气量等)下,生物质燃料比煤更容易着火、燃烧。

生物质燃料的固定碳是指从生物质燃料中除去水分、灰分和挥发分后的残留物,通常定义为残留物质量与生物质燃料质量的百分比。根据采用的基准的不同,可以有不同的表示。

(1)基于收到基:

$$FC_{ar} = 100 - V_{ar} - A_{ar} - M_{ar} \tag{1.14}$$

(2)基于空气干燥基:

$$FC_{ad} = 100 - V_{ad} - A_{ad} - M_{ad} \tag{1.15}$$

(3)基于干燥基:

$$FC_{d} = 100 - V_{d} - A_{d} \tag{1.16}$$

(4)基于干燥无灰基:

$$FC_{daf} = 100 - V_{daf} \tag{1.17}$$

式中　　FC_{ar}——生物质燃料固定碳的收到基数据,%;

$\quad\quad\quad FC_{ad}$——生物质燃料固定碳的空气干燥基数据,%;

$\quad\quad\quad FC_{d}$——生物质燃料固定碳的干燥基数据,%;

$\quad\quad\quad FC_{daf}$——生物质燃料固定碳的干燥无灰基数据,%;

$\quad\quad\quad V_{ar}$——生物质燃料挥发分的收到基数据,%;

V_{ad}——生物质燃料挥发分的空气干燥基数据,%;

V_d——生物质燃料挥发分的干燥基数据,%;

V_{daf}——生物质燃料挥发分的干燥无灰基数据,%;

A_{ar}——生物质燃料灰分的收到基数据,%;

A_{ad}——生物质燃料灰分的空气干燥基数据,%;

A_d——生物质燃料灰分的干燥基数据,%;

M_{ar}——生物质燃料水分的收到基数据,%;

M_{ad}——生物质燃料水分的空气干燥基数据,%。

豆角壳、豆角秆等 20 种生物质燃料固定碳的干燥基数据见表 1.15,其固定碳质量分数为 4.67%～23.80%。整体上,生物质燃料的固定碳质量分数低于煤的固定碳质量分数(2.60%～86.85%)。

值得注意的是,生物质燃料的固定碳质量分数和生物质燃料的碳元素质量分数是两个不同的概念。生物质燃料的固定碳是生物质中的有机质在隔绝空气加热时热分解的产物,其不仅含有碳元素,还可能含有氢、氧、氮等元素。

1.6.2 元素分析

通常所说的元素分析是指对燃料中碳、氢、氧、氮、硫等元素的测定,用质量分数表示。

生物质燃料的元素分析通常采用元素分析仪进行测定,一般直接测定出 C、H、N 和 S 的质量分数,O 的质量分数则通过差值法来计算。同样,根据采用的基准不同,可以有不同的表示。

(1)基于收到基:

$$O_{ar} = 100 - (C_{ar} + H_{ar} + N_{ar} + S_{ar}) - A_{ar} - M_{ar} \quad (1.18)$$

(2)基于空气干燥基:

$$O_{ad} = 100 - (C_{ad} + H_{ad} + N_{ad} + S_{ad}) - A_{ad} - M_{ad} \quad (1.19)$$

(3)基于干燥基:

$$O_d = 100 - (C_d + H_d + N_d + S_d) - A_d \quad (1.20)$$

(4)基于干燥无灰基:

$$O_{daf} = 100 - (C_{daf} + H_{daf} + N_{daf} + S_{daf}) \quad (1.21)$$

式中 O_{ar}——生物质燃料中氧元素的收到基数据,%;

O_{ad}——生物质燃料中氧元素的空气干燥基数据,%;

O_d——生物质燃料中氧元素的干燥基数据,%;

O_{daf}——生物质燃料中氧元素的干燥无灰基数据,%;

C_{ar}——生物质燃料中碳元素的收到基数据,%;

C_{ad}——生物质燃料中碳元素的空气干燥基数据,%;

C_d——生物质燃料中碳元素的干燥基数据,%;

C_{daf}——生物质燃料中碳元素的干燥无灰基数据,%;

H_{ar}——生物质燃料中氢元素的收到基数据,%;

H_{ad}——生物质燃料中氢元素的空气干燥基数据,%;

H_d——生物质燃料中氢元素的干燥基数据,%;

H_{daf}——生物质燃料中氢元素的干燥无灰基数据,%;

N_{ar}——生物质燃料中氮元素的收到基数据,%;

N_{ad}——生物质燃料中氮元素的空气干燥基数据,%;

N_d——生物质燃料中氮元素的干燥基数据,%;

N_{daf}——生物质燃料中氮元素的干燥无灰基数据,%;

S_{ar}——生物质燃料中硫元素的收到基数据,%;

S_{ad}——生物质燃料中硫元素的空气干燥基数据,%;

S_d——生物质燃料中硫元素的干燥基数据,%;

S_{daf}——生物质燃料中硫元素的干燥无灰基数据,%;

A_{ar}——生物质燃料灰分的收到基数据,%;

A_{ad}——生物质燃料灰分的空气干燥基数据,%;

A_d——生物质燃料灰分的干燥基数据,%;

M_{ar}——生物质燃料水分的收到基数据,%;

M_{ad}——生物质燃料水分的空气干燥基数据,%。

通过式(1.18)~(1.21)计算所得到的氧的质量分数包含了测定碳、氢、氮、硫等元素的质量分数的误差,因此,是一个准确度不高的近似值。

表1.18所示为生物质燃料的元素分析数据(质量分数)。34种生物质燃料碳、氢、氧、氮、硫等元素成分的质量分数分别在37.02%~53.30%、5.01%~6.79%、32.01%~47.42%、0~8.02%和0.31%~0.66%的范围内变化。3种煤的碳、氢、氧、氮、硫等元素成分的质量分数分别在56.00%~86.78%、1.63%~5.00%、1.96%~35.00%、0.57%~1.00%和0~0.92%的范围内变化。与煤相比,生物质燃料整体上含有较少的碳、较多的氢、较多的氧以及较少的硫。

表 1.18　生物质燃料的元素分析数据(质量分数)　　　　%

燃料	C	H	O	N	S
生物质燃料					
胡颓子属植物	44.26	6.19	46.86	1.37	0.41
茶咖啡碱	48.59	6.43	34.78	2.59	0.46
茶叶废弃物	45.04	6.07	40.21	3.48	0.50
玉米秆	42.02	5.58	43.53	1.24	0.43
烟末	37.02	5.01	39.95	2.20	0.45
杏核	48.07	5.99	43.89	0.05	0.39
杏果肉	44.37	5.87	47.42	0.95	0.32
桃果肉	43.84	6.51	42.80	1.04	0.37
李子果核	50.81	6.36	40.39	1.07	0.36
茱萸果核	49.03	5.86	42.67	0.05	0.34
瑞香	49.03	6.40	35.90	0.94	0.42
百里香	44.53	6.01	39.34	0.81	0.36
槐豆	44.31	5.70	43.10	0.92	0.42
苹果浆	47.05	6.70	42.73	0.86	0.35
洋蓟壳	42.08	5.92	45.88	0.83	0.36
向日葵茎	39.90	5.38	42.80	0.42	0.40
樱桃秆	44.78	5.75	43.22	0.50	0.40
豆渣	42.96	6.21	35.80	8.02	0.57
黑芝麻渣	45.93	6.79	32.01	6.32	0.66
棉渣	45.24	6.46	33.41	6.37	0.65
豌豆茎	38.97	5.45	40.31	1.79	0.42
葡萄籽	50.47	6.20	35.83	2.42	0.47
松果	48.28	5.73	43.89	0.10	0.40
桃核果核	51.98	6.13	40.41	0.02	0.48
樱桃果核	53.30	6.69	37.33	1.58	0.39
灰树	46.72	5.95	45.32	0.00	0.32
红扁豆壳	43.90	6.31	42.63	1.54	0.37
鹰嘴豆壳	43.80	5.81	45.67	0.38	0.35

续表1.18

燃料	C	H	O	N	S
蚕豆壳	40.11	5.52	44.98	1.35	0.33
椰子壳	50.34	6.26	42.08	0.00	0.31
可可豆壳	43.00	5.69	44.38	2.10	0.41
花生壳	46.89	5.90	46.07	0.61	0.37
杏仁壳	47.70	5.88	42.58	0.05	0.31
核桃壳	48.23	6.00	44.42	0.12	0.34
煤					
无烟煤	86.78	1.63	1.96	0.65	0.92
烟煤	63.89	4.97	24.54	0.57	0.48
泥煤	56.00	5.00	35.00	1.00	0.00

生物质燃料的碳和氢均为可燃元素,其质量分数直接影响生物质燃料的热值/发热量;通常来讲,生物质燃料的碳、氢质量分数越大,其热值越高。生物质燃料的氮和硫决定着生物质燃料的污染物排放;通常来讲,生物质燃料的氮、硫质量分数越小,其可能产生的环境污染物越少。

1.6.3 热值

生物质燃料的热值又称发热量,定义为单位质量的生物质燃料在完全燃烧后释放的热量。生物质燃料的热值是其燃料品质的一个重要指标,其国际单位为 kJ/kg,常用单位为 MJ/kg。

由于燃烧反应有不同的条件(例如恒压和恒容),燃烧的产物也有不同的状态(例如气态水和液态水),生物质燃料的热值分为高位热值(Higher Heating Value,HHV)和低位热值(Lower Heating Value,LHV)。

生物质燃料的高位热值是指在恒定容积(通常采用弹筒)条件下测定,并假定燃烧产生的气体中的所有气态水都冷凝为同温度下的液态水,单位质量的生物质燃料完全燃烧后放出的热量。

生物质燃料的低位热值是指在恒定容积条件下测定,并假定燃烧产生的水以同温度下的气态水存在,单位质量的生物质燃料完全燃烧后放出的热量。低位热值的定义,主要是考虑到生物质燃料在常规燃烧时呈蒸气状态随燃烧废气排出,其数值可以用高位热值减去水的气化热,通过下式计算:

$$LHV = HHV - h_g \left(9\frac{w_H}{100} + \frac{w_M}{100} \right) \tag{1.22}$$

式中 HHV——生物质燃料的高位热值,kJ/kg;

      LHV——生物质燃料的低位热值,kJ/kg;

      h_g——水的气化潜热,2 441 kJ/kg;

      w_H——生物质燃料中氢元素的质量分数,%;

      w_M——生物质燃料中水分的质量分数,%。

生物质燃料的高位热值可以通过氧弹量热仪来测定,也可以通过经验公式估算。表1.19统计了估算生物质燃料高位热值的公式。

表1.19 估算生物质燃料高位热值的公式

公式	单位
$HHV = 19.914 - 0.232\ 4Ash$	MJ/kg
$HHV = -3.036\ 8 + 0.221\ 8VM + 0.260\ 1FC$	MJ/kg
$HHV = 0.353\ 6FC + 0.159\ 9VM - 0.007\ 8Ash$	MJ/kg
$HHV = 0.325\ 9C + 3.459\ 7$	MJ/kg
$HHV = -1.367\ 5 + 0.313\ 7C + 0.700\ 9H + 0.031\ 8O^*$	MJ/kg
$HHV = 3.55C^2 - 232C - 2\ 230H + 51.2C \times H + 131N + 20\ 600$	kJ/kg
$HHV = 0.349\ 1C + 1.178\ 3H + 0.100\ 5S - 0.103\ 4O - 0.015N - 0.021\ 1Ash$	MJ/kg
$HHV = 354.3FC + 170.8VM$	kJ/kg
$HHV = 35\ 430 - 183.5VM - 354.3Ash$	kJ/kg
$HHV = -10.814\ 1 + 0.313\ 3VM + 0.313\ 3FC$	MJ/kg
$HHV = -0.763 + 0.301C + 0.525H + 0.064O$	MJ/kg
$HHV = 0.437\ 3C - 1.670\ 1$	MJ/kg

注:公式表示的为干燥基数据;O^*表示有机物中氧和其他元素的质量($O^* = 100 - C - H - Ash$)。

表1.20所示为部分林业生物质燃料和农业生物质燃料的高位热值和低位热值。整体来讲,林业生物质燃料可能有更高的热值,例如林业生物质燃料(针叶树)的高位热值和低位热值可分别高达24.00 MJ/kg和22.80 MJ/kg,而农业生物质燃料的高位热值和低位热值分别在13.62~19.94 MJ/kg和12.40~18.80 MJ/kg的范围内变化。但是,林业生物质燃料的热值也可能很低,例如冷

生物质燃料的化学㶲:基于多过程热力学模型

杉的高位热值和低位热值分别为 7.56 MJ/kg 和 5.53 MJ/kg,主要是因为其含水量较高(63%)。

整体来讲,生物质燃料的热值低于煤的热值(标煤的低位热值为 29.3 MJ/kg)。

表 1.20　部分林业生物质燃料和农业生物燃料的高位热值和低位热值　MJ/kg

编号	名称	高位热值(HHV)	低位热值(LHV)
林业生物质燃料			
1	松树	20.19	18.87
2	云杉	18.79	17.44
3	冷杉	7.56	5.53
4	针叶树	24.00	22.80
5	刺菜蓟	15.25	14.05
6	雪松	18.17	16.69
7	圣诞树	13.03	11.35
8	柳树	17.15	15.69
9	杨树	17.71	16.31
10	橡树	18.23	16.49
11	橄榄树	19.10	17.20
农业生物质燃料			
12	稻壳	16.40	15.22
13	稻壳	15.82	14.72
14	稻壳	16.62	15.42
15	稻壳	16.12	15.00
16	稻壳	14.20	13.09
17	稻草	15.09	13.95
18	稻草	15.15	14.10
19	稻草	13.62	12.40
20	稻草	19.94	18.80
21	稻草	15.35	14.10
22	小麦秸秆	19.62	18.38

038

续表1. 20

编号	名称	高位热值（HHV）	低位热值（LHV）
23	小麦秸秆	19.36	18.29
24	大麦秸秆	18.18	17.07
25	大麦秸秆	19.38	18.20
26	燕麦秸秆	18.96	17.66
27	燕麦秸秆	18.98	17.80
28	黑麦麦秸秆	19.36	18.15
29	黑麦麦秸秆	19.25	17.95

　　表 1.21 所示为部分生物质燃料中水分的质量分数和其相应的热值。当生物质燃料的水分增加时，其热值降低。进一步绘制生物质燃料水分质量分数和其相应的热值图(图 1.6)，发现生物质燃料的热值与其水分质量分数有很好的线性关系；再进一步，提出生物质燃料的热值与其水分质量分数的经验关联式：

玉米秆　　　　　$HV=16.370-0.190 w_M(R^2=1.000)$　　　　(1.23)

高粱秆　　　　　$HV=16.707-0.193 w_M(R^2=1.000)$　　　　(1.24)

棉茎秆　　　　　$HV=16.918-0.195 w_M(R^2=1.000)$　　　　(1.25)

豆秸秆　　　　　$HV=16.730-0.195 w_M(R^2=0.999)$　　　　(1.26)

麦秸秆　　　　　$HV=16.391-0.190 w_M(R^2=1.000)$　　　　(1.27)

稻草　　　　　　$HV=15.060-0.176 w_M(R^2=1.000)$　　　　(1.28)

谷草　　　　　　$HV=15.698-0.182 w_M(R^2=1.000)$　　　　(1.29)

柳树枝　　　　　$HV=17.313-0.199 w_M(R^2=1.000)$　　　　(1.30)

杨树枝　　　　　$HV=14.848-0.175 w_M(R^2=1.000)$　　　　(1.31)

牛粪　　　　　　$HV=16.321-0.192 w_M(R^2=1.000)$　　　　(1.32)

马尾松　　　　　$HV=19.482-0.222 w_M(R^2=1.000)$　　　　(1.33)

桦树　　　　　　$HV=17.939-0.203 w_M(R^2=0.999)$　　　　(1.34)

椴木　　　　　　$HV=17.665-0.202 w_M(R^2=1.000)$　　　　(1.35)

式中　　HV——生物质燃料的热值，MJ/kg；

　　　　w_M——生物质燃料中水分的质量分数，%。

　　生物质燃料的热值不仅受含水率的影响，也受燃料种类、灰分质量分数、元素成分等因素影响。

表 1.21　部分生物质燃料中水分的质量分数和其相应的热值　　　MJ/kg

燃料	5%	7%	9%	11%	12%	14%	16%	18%	20%	22%
玉米秆	15.42	15.04	14.66	14.28	14.09	13.71	13.33	12.95	12.57	12.19
高粱秆	15.74	15.36	14.97	14.59	14.39	14.01	13.62	13.24	12.85	12.46
棉茎秆	15.95	15.55	15.17	14.77	14.58	14.19	13.80	13.41	13.02	12.64
豆秸秆	15.84	15.31	14.95	14.57	14.37	13.99	13.61	13.22	12.84	12.45
麦秸秆	15.44	15.06	14.68	14.30	14.15	13.73	13.36	12.97	12.60	12.22
稻草	14.18	13.83	13.48	13.13	12.95	12.60	12.25	11.90	11.55	11.19
谷草	14.79	14.43	14.06	13.69	13.51	13.15	12.78	12.46	1205	11.69
柳树枝	16.32	15.93	15.52	15.13	14.93	14.54	14.13	13.74	13.34	12.95
杨树枝	14.00	13.61	13.26	12.91	12.74	12.39	12.04	11.69	11.35	11.00
牛粪	15.38	14.96	14.59	14.21	14.02	13.64	13.26	12.89	12.43	12.13
马尾松	18.37	17.93	17.49	17.05	16.83	16.38	15.94	15.49	15.05	14.61
桦树	16.97	16.42	16.13	15.72	15.51	15.10	14.69	14.28	13.87	13.46
椴木	16.65	16.25	15.84	15.44	15.24	14.84	14.43	14.02	13.62	13.21

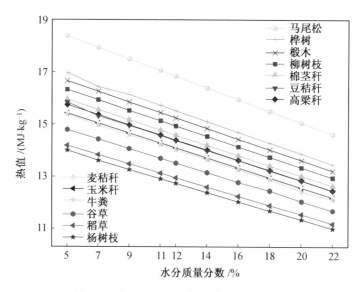

图 1.6　生物质燃料的水分质量分数和热值

1.7 生物质燃料的排放特性

二氧化碳(CO_2)的温室效应能造成大气温度升高,氮氧化物(NO_x)和硫化物(SO_x)能形成酸雨而污染水体、腐蚀建筑、伤害动植物等。因此,本节对生物质燃料的排放特性进行介绍,主要包括 CO_2 排放、NO_x 排放、SO_x 排放以及环境效应。

1.7.1 CO_2 排放

生物质燃料的 CO_2 排放特性可用其 CO_2 排放系数来衡量。生物质燃料的 CO_2 排放系数定义为在使用和转换过程中单位质量生物质燃料排放 CO_2 的质量,单位通常为 g/kg 生物质燃料。

表 1.22 所示为生物质燃料和煤的 CO_2 排放系数。11 种生物质燃料的 CO_2 排放系数在(791.3 ± 12.5)g/kg(稻草)至 1 750 g/kg(木屑颗粒)之间变化,而 7 种煤的 CO_2 排放系数在 1 390 g/kg(型煤)至 2 570 g/kg(硬煤/无烟煤)之间变化。整体上,生物质燃料较煤的 CO_2 排放系数低。

表 1.22　生物质燃料和煤的 CO_2 排放系数

燃料	CO_2 排放系数/(g·kg^{-1})	参考文献
生物质燃料		
稻草	791.3±12.5	[85]
麦秸秆	1 557.9±85.8	[85]
玉米秸秆	1 261.5±59.9	[85]
农业废料	1 515±177	[86]
谷物废料	1 400	[86]
枝丫材	1 500	[87]
薪材	1 560	[87]
玉米渣	1 160	[87]
干云杉木	1 630	[88]
湿云杉木	1 140	[88]
木屑颗粒	1 750	[88]

续表1.22

燃料	CO_2 排放系数/(g·kg^{-1})	参考文献
煤		
型煤	1 390	[87]
蜂窝煤	2 550	[87]
煤粉	2 130	[87]
洗煤	2 380	[87]
褐煤	1 630	[88]
褐煤块	1 880	[88]
硬煤/无烟煤	2 570	[88]

生物质燃料的 CO_2 排放系数受多种因素影响,如燃料的元素质量分数、形状、大小,以及燃烧的设备、工况等。

值得一提的是,由于生物质通常能通过化合作用固定二氧化碳合成自身的有机体,从这个意义上讲,生物质燃料属于 CO_2 零排放燃料。

1.7.2 NO$_x$ 排放

生物质燃料的氮氧化物(NO_x)排放特性可用其 NO_x 排放系数来衡量。生物质燃料的 NO_x 排放系数定义为在使用和转换过程中单位质量生物质燃料排放 NO_x 的质量,单位通常为 g/kg 生物质燃料。

表 1.23 所示为生物质燃料和煤的 NO_x 排放系数。11 种生物质燃料的 NO_x 排放系数在 0.524 g/kg(薪材)至 3.00 g/kg(谷物废料)之间变化,而 7 种煤的 NO_x 排放系数在 0.167 g/kg(洗煤)至 3.63 g/kg(硬煤/无烟煤)之间变化。整体上,生物质燃料较煤的 NO_x 排放系数低。

表 1.23 生物质燃料和煤的 NO_x 排放系数

燃料	NO_x 排放系数/(g·kg^{-1})	参考文献
生物质燃料		
稻草	1.81±0.09	[85]
麦秸秆	1.12±0.19	[85]
玉米秸秆	1.28±0.04	[85]

续表1.23

燃料	NO_x 排放系数/$(g \cdot kg^{-1})$	参考文献
农业废料	2.5 ± 1.0	[86]
谷物废料	3.00	[86]
枝丫材	1.95	[87]
薪材	0.524	[87]
玉米渣	1.27	[87]
干云杉木	0.93	[88]
湿云杉木	0.582	[88]
木屑颗粒	1.49	[88]
煤		
型煤	0.248	[87]
蜂窝煤	0.447	[87]
煤粉	2.21	[87]
洗煤	0.167	[87]
褐煤	1.72	[88]
褐煤块	1.49	[88]
硬煤/无烟煤	3.63	[88]

同样,生物质燃料的 NO_x 排放系数受多种因素影响,如燃料的元素质量分数、形状、大小,以及燃烧的设备、工况等。

1.7.3　SO_x 排放

生物质燃料的硫化物(SO_x)排放特性可用其 SO_x 排放系数来衡量。生物质燃料的 SO_x 排放系数定义为在使用和转换过程中单位质量生物质燃料排放 SO_x 的质量,单位通常为 g/kg 生物质燃料。

表 1.24 所示为生物质燃料和煤的 SO_x 排放系数。6 种生物质燃料的 SO_x 排放系数在 0 g/kg(薪材、干云杉木、湿云杉木、木屑颗粒)至 0.015 g/kg(玉米渣)之间变化,而 7 种煤的 SO_x 排放系数在 0.184 g/kg(煤粉)至 12.4 g/kg(褐煤)之间变化。可以明显看出,生物质燃料较煤的 SO_x 排放系数低。

同样,生物质燃料的 SO_x 排放系数受多种因素影响,如燃料的元素质量分数、形状、大小,以及燃烧的设备、工况等。

表 1.24   生物质燃料和煤的 SO_x 排放系数

燃料	SO_x 排放系数/$(g \cdot kg^{-1})$	参考文献
生物质燃料		
枝丫材	0.005 24	[87]
薪材	0.00	[87]
玉米渣	0.015	[87]
干云杉木	0.00	[88]
湿云杉木	0.00	[88]
木屑颗粒	0.00	[88]
煤		
型煤	1.59	[87]
蜂窝煤	0.19	[87]
煤粉	0.184	[87]
洗煤	0.98	[87]
褐煤	12.4	[88]
褐煤块	2.73	[88]
硬煤/无烟煤	7.99	[88]

1.7.4   环境效应

生物质燃料的环境效应可以通过其排放的 CO_2、NO_x、SO_x 等气体的成分和浓度来衡量,例如 1.7.1~1.7.3 节介绍的 CO_2 排放系数、NO_x 排放系数和 SO_x 排放系数。但是不同燃料环境效应的对比给这种直观的评价方法带来了困难(不同燃料的环境效应不可加、不可比的困难),例如 A 燃料在使用过程中排放了 1 kg CO_2、1.5 kg NO_x 和 0.5 kg SO_x,而 B 燃料在使用过程中排放了 1 kg CO_2、0.5 kg NO_x、1.5 kg SO_x,如何对比 A、B 燃料环境效应的优劣呢?

由于物质的㶲可以衡量物质与环境之间的不平衡(潜在影响),而且不同物质的㶲具有同一环境基础(环境中的物质成分和浓度),Zhang 等提出了采用物质排放物的化学㶲来衡量物质的(潜在)环境效应:

$$EI = EI_{气体} + EI_{灰分} \qquad (1.36)$$

式中 EI——生物质燃料的(潜在)环境效应,kJ/kg;

EI$_{气体}$——生物质燃料(潜在)排放气体的环境效应,kJ/kg;

EI$_{灰分}$——生物质燃料(潜在)排放灰分的环境效应,kJ/kg。

进一步,生物质燃料(潜在)排放气体的环境效应 EI$_{气体}$,可以表示为

$$EI_{气体} = \sum m_i Ex_i \tag{1.37}$$

式中 m_i——生物质燃料(潜在)排放气体的质量,kg/kg 燃料;

Ex_i——生物质燃料(潜在)排放气体的比化学㶲,kJ/kg。

生物质燃料(潜在)排放灰分的环境效应 EI$_{灰分}$,可以表示为

$$EI_{灰分} = \sum m_j Ex_j \tag{1.38}$$

式中 m_j——生物质燃料(潜在)排放灰分的质量,kg/kg 燃料;

Ex_j——生物质燃料(潜在)排放灰分的比化学㶲,kJ/kg。

基于燃料的 C、N、S 和灰分等质量分数(表 1.25)以及灰分的成分和质量摩尔浓度(表 1.26),Zhang 等进一步对比研究了 3 种煤、4 种麦秸秆、5 种木材潜在的 CO_2 环境效应、NO_x 环境效应、SO_x 环境效应、灰分环境效应以及总环境效应。

表 1.25 生物质燃料和煤的基本特性(收到基数据)

燃料	$w_C/\%$	$w_N/\%$	$w_S/\%$	$w_{灰分}/\%$	参考文献
煤 1	57.35	1.70	1.47	8.25	[91]
煤 2	56.95	0.84	1.60	14.45	[91]
煤 3	57.64	2.24	0.77	25.67	[91]
麦秸秆 1	40.52	0.73	0.07	3.17	[92]
麦秸秆 2	39.99	0.30	0.10	2.69	[92]
麦秸秆 3	41.37	0.50	0.11	3.23	[92]
麦秸秆 4	38.95	1.02	0.11	4.23	[92]
木材 1	47.94	0.09	0.00	0.09	[93]
木材 2	19.93	0.84	0.04	0.56	[93]
木材 3	32.08	0.32	0.25	3.24	[93]
木材 4	44.24	0.03	0.01	0.27	[93]
木材 5	34.38	2.1	0.40	18.10	[93]

表 1.26　生物质燃料和煤的灰分成分和质量摩尔浓度(收到基数据)　mol/kg

燃料	SiO$_2$	K$_2$O	CaO	P$_2$O$_5$	MgO	Al$_2$O$_3$	Fe$_2$O$_3$	Na$_2$O	SO$_3$
煤 1	0.103	0.001	0.386	0.005	0.103	0.066	0.055	0.028	0.399
煤 2	1.049	0.014	0.221	0.003	0.133	0.299	0.027	0.033	0.299
煤 3	1.951	0.035	0.195	0.005	0.082	0.714	0.075	0.099	0.346
麦秸秆 1	0.214	0.081	0.064	0.013	0.043	0.003	0.001	0.004	0.006
麦秸秆 2	0.141	0.073	0.072	0.018	0.035	0.001	0.001	0.007	0.008
麦秸秆 3	0.147	0.124	0.062	0.015	0.034	0.002	0.002	0.005	0.010
麦秸秆 4	0.188	0.229	0.064	0.016	0.032	0.002	0.002	0.007	0.011
木材 1	1.381	1.306	7.489	0.000	2.927	0.206	0.119	0.039	0.000
木材 2	2.763	1.964	1.427	1.360	5.458	0.196	0.119	1.872	0.000
木材 3	6.472	0.834	1.694	0.169	0.625	1.446	0.582	0.086	1.419
木材 4	3.490	2.378	1.944	0.094	1.029	0.293	0.184	0.226	0.336
木材 5	5.592	1.624	2.354	0.909	2.233	0.382	0.207	1.371	0.000

注:参考文献同表1.25。

图 1.7 所示为 3 种煤、4 种麦秸秆和 5 种木材燃料的潜在 CO_2 环境效应。3 种煤、4 种麦秸秆、5 种木材的潜在 CO_2 环境效应分别在 942.11～953.49 kJ/kg、644.33～684.43 kJ/kg 和 329.73～793.15 kJ/kg 的范围内变化。可以看出,生物质燃料与煤相比有更低的潜在 CO_2 环境效应,这主要是由于生物质燃料 C 的质量分数较小(表 1.25)。

图 1.8 所示为 3 种煤、4 种麦秸秆和 5 种木材燃料的潜在 NO_2 环境效应。3 种煤、4 种麦秸秆、5 种木材的潜在 NO_2 环境效应分别在 33.46～89.08 kJ/kg、11.74～40.52 kJ/kg 和 1.19～83.34 kJ/kg 的范围内变化。整体上,生物质燃料与煤相比有更低的潜在 NO_2 环境效应,这主要是由于生物质燃料 N 的质量分数较小(表 1.25)。

图 1.9 所示为 3 种煤、4 种麦秸秆和 5 种木材燃料的潜在 SO_2 环境效应。3 种煤、4 种麦秸秆、5 种木材的潜在 SO_2 环境效应分别在 75.36～156.00 kJ/kg、6.88～11.18 kJ/kg 和 0～39.09 kJ/kg 的范围内变化。可以看出,生物质燃料与煤相比有更低的潜在 SO_2 环境效应,这主要是由于生物质燃料 S 的质量分数较小(表 1.25)。

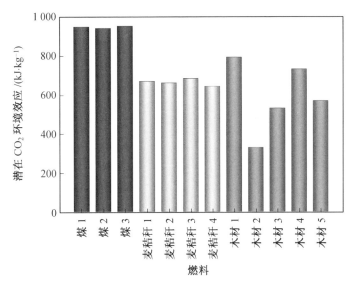

图 1.7 燃料的潜在 CO_2 环境效应

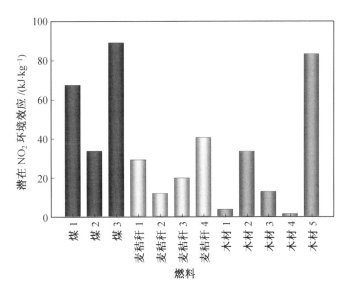

图 1.8 燃料的潜在 NO_2 环境效应

图 1.10 所示为 3 种煤、4 种麦秸秆和 5 种木材燃料的潜在灰分环境效应。3 种煤、4 种麦秸秆、5 种木材的潜在灰分环境效应分别在 $174.44 \sim 319.54$ kJ/kg、$53.47 \sim 117.68$ kJ/kg 和 $1.46 \sim 387.58$ kJ/kg 的范围内变化。整体上,生物质燃料与煤相比有更低的潜在灰分环境效应。各种燃料的潜在灰分环境效应主要由

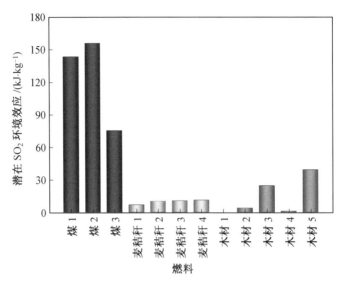

图 1.9　燃料的潜在 SO_2 环境效应

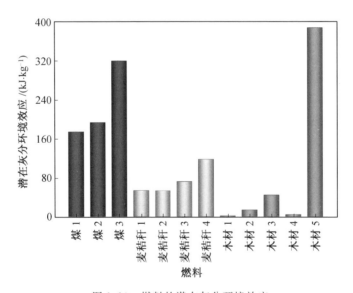

图 1.10　燃料的潜在灰分环境效应

其灰分成分及质量摩尔浓度(表 1.26)决定。

图 1.11 所示为 3 种煤、4 种麦秸秆和 5 种木材燃料的潜在总环境效应。3 种煤、4 种麦秸秆、5 种木材的潜在总环境效应分别在 1324.99～1437.47 kJ/kg、736.88～813.71 kJ/kg 和 381.02～1078.81 kJ/kg 的范围内变化。可以看出,生

物质燃料与煤相比有更低的潜在总环境效应。由式(1.36)可知,这主要是由燃料潜在排放气体的环境效应和潜在排放灰分的环境效应共同决定的。

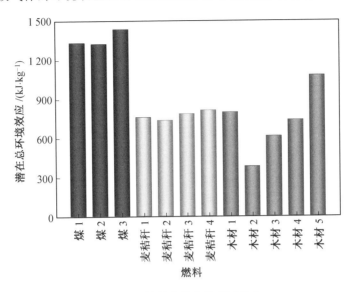

图 1.11 燃料的潜在总环境效应

整体上,生物质燃料和煤相比有更低的环境效应,因此显示出更好的环保性,是对环境更友好的燃料。

1.8 生物质燃料的特点

生物质燃料主要具有如下特点:

(1)可再生。

(2)零 CO_2 排放。

(3)SO_x 排放量低。

(4)NO_x 排放量低。

(5)环境友好型。

(6)能就地生产。

(7)生物可降解。

(8)可持续。

(9)生产过程安全。

生物质燃料的生产和使用能带来如下好处:

(1)使用当地能源资源。

(2)推动农业投资和发展。

(3)增加能源的多样性。

(4)减少能源进口。

(5)增加工作岗位。

(6)改善生态、生活环境。

(7)推动农村经济发展。

因此,世界上许多国家/地区制定了生产、使用生物质燃料/能源的宏伟目标和长远规划,例如中国、欧盟、美国、德国、日本、瑞典、芬兰、马来西亚等。世界上主要国家/地区生物质燃料/能源的目标和规划见表1.27。

表 1.27　世界上主要国家/地区生物质燃料/能源的目标和规划

国家/地区	目标和规划
中国	到2040年,生物质燃料的消耗水平是2017年的10倍左右,26万桶油当量/天的生物质乙醇用于道路交通;22万桶油当量/天的生物质柴油主要用于货运行业;少量航空生物质煤油用于国内航空业;截至2040年,生物质能源需求量预计增长14%
欧盟	到2030年,可再生能源使用份额增至32%;通过发展使用生物质能,实现温室气体排放量降低至少40%(与1990年排放量相比)
美国	到2025年,生物质燃料替代中东进口原油的75%; 到2030年,生物质燃料替代车用燃料的30%
德国	到2050年,10%的飞机燃料为生物质燃料;生物质能在最终能源消耗中的比例将增长到9%～25%(2010年水平为8%)
日本	到2030年,废弃物发电与生物质能发电装机容量达到494万kL(原油换算)
瑞典	到2040年,将实现100%利用可再生能源发电的目标
芬兰	到2029年,完全淘汰煤炭作为能源的使用; 到2030年,生物燃料在道路交通能源消耗中的占比将达到能源的30%
马来西亚	2025年前,生物柴油掺混率提高至23%
泰国	到2037年,可再生能源发电占总装机容量和总发电量的比例分别提高到36%和20%

1.9 本章小结

本章首先简要介绍了生物质燃料的定义,然后介绍了农业生物质燃料、林业生物质燃料、畜禽废弃物、城市固体有机废弃物、水生植物燃料五种生物质燃料的定义及其组成成分。在收到基、空气干燥基、干燥基、干燥无灰基四种分析基准的基础上,介绍了生物质燃料的物理特性(水分、粒径、密度、空隙率等)、化学特性(工业分析、元素分析、热值等)以及排放特性(CO_2排放、NO_x排放、SO_x排放、环境效应等)。

最后,总结了生物质燃料的特点和益处,并介绍了世界上主要国家/地区生物质燃料/能源的目标和规划。

本章参考文献

[1] ZHANG Y, LI B, ZHANG H. Exergy of biomass[M]. New York:Nova Science Publishers,2020.

[2] ZHANG Y, LI B. Biomass gasification:fundamentals, experiments, and simulation[M]. New York:Nova Science Publishers,2020.

[3] 刘荣厚. 生物质能工程[M]. 北京:化学工业出版社,2009.

[4] HUTTUNEN R. Government report on the national energy and climate strategy for 2030 [M]. Finland:Ministry of Economic Affairs and Employment,2017.

[5] RUAN R, ZHANG Y, CHEN P, et al. Biofuels:introduction-science direct[J]. Biofuels:Alternative Feedstocks and Conversion Processes for the Production of Liquid and Gaseous Biofuels (Second Edition),2019,65: 3-43.

[6] THOMAS P, SOREN N, RUMJIT N P, et al. Biomass resources and potential of anaerobic digestion in Indian scenario [J]. Renewable and Sustainable Energy Reviews,2017,77:718-730.

[7] HO D P, NGO H H, GUO W. A mini review on renewable sources for biofuel[J]. Bioresource Technology,2014,169:742-749.

[8] HUANG Y F, CHIUEH P T, LO S L. A review on microwave pyrolysis

of lignocellulosic biomass[J]. Sustainable Environment Research，2016，26：103-109.

[9] ZHAO Y，SUN F，YU J，et al. Co-digestion of oat straw and cow manure during anaerobic digestion：stimulative and inhibitory effects on fermentation[J]. Bioresource Technology，2018，269：143-152.

[10] ZHANG Y，GHALY A E，LI B. Physical properties of corn residues[J]. American Journal of Biochemistry and Biotechnology，2012，8：44-53.

[11] MIRANDA M T，SEPULVEDA F J，ARRANZ J I，et al. Analysis of pelletizing from corn cob waste [J]. Journal of Environmental Management，2018，228：303-311.

[12] ZENG K，HE X，YANG H，et al. The effect of combined pretreatments on the pyrolysis of corn stalk[J]. Bioresource Technology，2019，281：309-317.

[13] HUANG Y F，KUAN W H，CHANG C C，et al. Catalytic and atmospheric effects on microwave pyrolysis of corn stover[J]. Bioresource Technology，2013，131：274-280.

[14] LIN B J，CHEN W H. Sugarcane bagasse pyrolysis in a carbon dioxide atmosphere with conventional and microwave-assisted heating[J]. Frontiers in Energy Research，2015，3(4)：1-9.

[15] SURENDRA K C，OGOSHI R，ZALESKI H M，et al. High yielding tropical energy crops for bioenergy production：effects of plant components，harvest years and locations on biomass composition[J]. Bioresource Technology，2018，251：218-229.

[16] DU J，LIU P，LIU Z，et al. Fast pyrolysis of biomass for bio-oil with ionic liquid and microwave irradiation[J]. Journal of Fuel Chemistry & Technology，2010，38(5)：554-559.

[17] HUANG Y F，CHIUEH P T，KUAN W H，et al. Microwave pyrolysis of rice straw：products，mechanism，and kinetics [J]. Bioresource Technology，2013，142：620-624.

[18] WANG X，MORRISON W，DU Z，et al. Biomass temperature profile development and its implications under the microwave-assisted pyrolysis condition[J]. Applied Energy，2012，99：386-392.

[19] LI H Y，WANG B，WEN J L，et al. Availability of four energy crops

assessing by the enzymatic hydrolysis and structural features of lignin before and after hydrothermal treatment[J]. Energy Conversion & Management，2018，155：58-67.

[20] ZHANG Y，ZHAO W，LI B，et al. Two equations for estimating the exergy of woody biomass based on the exergy of ash[J]. Energy，2016，106：400-407.

[21] XIAN L，LI Z，TANG A X，et al. A novel neutral and thermophilic endoxylanase from Streptomyces ipomoeae efficiently produced xylobiose from agricultural and forestry residues［J］. Bioresource Technology，2019，285：121293.

[22] ZHANG Y，GAO X，LI B，et al. An expeditious methodology for estimating the exergy of woody biomass by means of heating values[J]. Fuel，2015，159：712-719.

[23] WAN Y，CHEN P，ZHANG B，et al. Microwave-assisted pyrolysis of biomass：catalysts to improve product selectivity[J]. Journal of Analytical and Applied Pyrolysis，2009，86（1）：161-167.

[24] HALLGREN A L，ENGVALL K，SKRIFVARS B J，et al. Ash-induced operational difficulties in fluidised bed firing of biofuels and waste［C］. Oakland：Pergamon Press,1999.

[25] SALEMA A A，ANI F N. Pyrolysis of oil palm empty fruit bunch biomass pellets using multimode microwave irradiation［J］. Bioresource Technology，2012，125：102-107.

[26] OMAR R，IDRIS A，YUNUS R，et al. Characterization of empty fruit bunch for microwave-assisted pyrolysis［J］. Fuel，2011，90（4）：1536-1544.

[27] MAŠEK O，BUDARIN V，GRONNOW M，et al. Microwave and slow pyrolysis biochar-comparison of physical and functional properties［J］. Journal of Analytical and Applied Pyrolysis，2013，100：41-48.

[28] CAI J，HE Y，YU X，et al. Review of physicochemical properties and analytical characterization of lignocellulosic biomass［J］. Renewable and Sustainable Energy Reviews，2017，76：309-322.

[29] 朱锡锋. 生物质热解原理与技术[M]. 北京：科学出版社,2014.

[30] VAEISAENEN T，HAAPALA A，LAPPALAINEN R，et al. Utilization

of agricultural and forest industry waste and residues in natural fiber-polymer composites：a review[J]. Waste Management，2016，54：62-73.

[31] BOUMANCHAR I, CHHITI Y, ALAOUI F, et al. Investigation of (co)-combustion kinetics of biomass, coal and municipal solid wastes[J]. Waste Management, 2019, 97：10-18.

[32] TANCZUK M, JUNGA R, WERLE S, et al. Experimental analysis of the fixed bed gasification process of the mixtures of the chicken manure with biomass[J]. Renewable Energy, 2017, 136：1055-1063.

[33] REN F, SUN N, XU M, et al. Changes in soil microbial biomass with manure application in cropping systems：a meta-analysis[J]. Soil and Tillage Research, 2019, 194：104291.

[34] RAMOS-SUÁREZ J L, RITTER A, MATA GONZÁLES J, et al. Biogas from animal manure：a sustainable energy opportunity in the Canary Islands[J]. Renewable and Sustainable Energy Reviews, 2019, 104：137-150.

[35] ZARKADAS I, DONTIS G, PILIDIS G, et al. Exploring the potential of fur farming wastes and byproducts as substrates to anaerobic digestion process[J]. Renewable Energy, 2016, 96：1063-1070.

[36] THANKASWAMY S R, SUNDARAMOORTHY S, PALANIVEL S, et al. Improvedmicrobial degradation of animal hair waste from leather industry using brevibacterium luteolum (MTCC 5982)[J]. Journal of Cleaner Production, 2018, 189：701-708.

[37] KHALIL M, BERAWI M, HERYANTO R, et al. Waste to energy technology：the potential of sustainable biogas production from animal waste in Indonesia[J]. Renewable and Sustainable Energy Reviews, 2019, 105：323-331.

[38] NDIAYE M, ARHALIASS A, LEGRAND J, et al. Reuse of waste animal fat in biodiesel：biorefining heavily-degraded contaminant-rich waste animal fat and formulation as diesel fuel additive[J]. Renewable Energy, 2020, 145：1073-1079.

[39] CORRO G, SÁNCHEZ N, PAL U, et al. Biodiesel production from waste frying oil using waste animal bone and solar heat[J]. Waste Management, 2016, 47：105-113.

[40] CHHABRA V, BHATTACHARYA S, SHASTRI Y. Pyrolysis of mixed municipal solid waste: characterisation, interaction effect and kinetic modelling using the thermogravimetric approach[J]. Waste Management, 2019, 90: 152-167.

[41] FARAGE R P, SILVA C M, REZENDE A P, et al. Intermediate covering of municipal solid waste landfills with alkaline grits, dregs and lime mud by-products of kraft pulp production[J]. Journal of Cleaner Production, 2019, 239: 117985.1-117985.8.

[42] HLA S S, LOPES R, ROBERTS D. The CO_2 gasification reactivity of chars produced from Australian municipal solid waste[J]. Fuel, 2016, 185: 847-854.

[43] COUTO N D, SILVA V B, ROUBOA A. Thermodynamic evaluation of Portuguese municipal solid waste gasification[J]. Journal of Cleaner Production, 2016, 139: 622-635.

[44] SÁNCHEZ J, CURT M D, ROBERT N, et al. Chapter two-biomass resources, the role of bioenergy in the bioeconomy: resources, technologies, sustainability and policy [M]. London: Academic Press, 2019.

[45] SUGANYA T, VARMAN M, MASJUKI H H, et al. Macroalgae and microalgae as a potential source for commercial applications along with biofuels production: a biorefinery approach[J]. Renewable and Sustainable Energy Reviews, 2016, 55: 909-941.

[46] ALASWAD A, DASSISTI M, PRESCOTT T, et al. Technologies and developments of third generation biofuel production[J]. Renewable and Sustainable Energy Reviews, 2015, 51: 1446-1460.

[47] CHEN H, ZHOU D, LUO G, et al. Macroalgae for biofuels production: progress and perspectives [J]. Renewable and Sustainable Energy Reviews, 2015, 47: 427-437.

[48] 严家騄,王永青,张亚宁. 工程热力学 [M]. 6 版. 北京:高等教育出版社,2021.

[49] ZHANG Y, GHALY A E, LI B. Availability and physical properties of residues from major agricultural crops for energy conversion through thermochemical processes[J]. American Journal of Agricultural & Biological

Science，2012，7(3)：312-321.

[50] 车得福,庄正宁,李军,等. 锅炉［M］. 2版.西安:西安交通大学出版社,2008.

[51] PRADHAN A，MBOHWA C. Development of biofuels in South Africa：challenges and opportunities［J］. Renewable & Sustainable Energy Reviews，2014，39：1089-1100.

[52] JETTER J，ZHAO Y，SMITH K R，et al. Pollutant emissions and energy efficiency under controlled conditions for household biomass cookstoves and implications for metrics useful in setting international test standards［J］. Environmental Science & Technology，2012，46（19）：10827-10834.

[53] GHOBADIAN B. Liquid biofuels potential and outlook in Iran［J］. Renewable and Sustainable Energy Reviews，2012，16：4379-4384.

[54] GANESHAN G，SHADANGI K P，MOHANTY K. Degradation kinetic study of pyrolysis and co-pyrolysis of biomass with polyethylene terephthalate (PET) using Coats-Redfern method［J］. Journal of Thermal Analysis & Calorimetry,2017,131(2)：1803-1816.

[55] ASTM. Standard test method for determination of total solids in biomass：ASTM E1756－08［S］. Philadelphia：ASTM,2015.

[56] 中国煤炭工业协会. 固体生物质燃料全水分测定方法:GB/T 28733—2012［S］. 北京:中国标准出版社,2013.

[57] SAMUELSSON R，BURVALL J，JIRJIS R. Comparison of different methods for the determination of moisture content in biomass［J］. Biomass and Bioenergy，2006，30(11)：929-934.

[58] VIDAL B C，DIEN B S，TING K C，et al. Influence of feedstock particle size on lignocellulose conversion：a review［J］. Applied Biochemistry and Biotechnology，2011，164(8)：1405-1421.

[59] BASU P. Biomass gasification, pyrolysis and torrefaction［M］. 3rd edition. London：Academic Press，2018.

[60] ZHANG Y，GHALY A E，LI B. Physical properties of rice residues as affected by variety and climatic and cultivation conditions in three continents［J］. American Journal of Applied Sciences，2012，9（11）：1757-1768.

[61] ZHANG Y, GHALY A E, LI B. Physical properties of wheat straw varieties cultivated under different climatic and soil conditions in three continents[J]. American Journal of Engineering & Applied Sciences, 2012, 5(2): 98-106.

[62] EROL M, HAYKIRI-ACMA H, KÜÇÜKBAYRAK S. Calorific value estimation of biomass from their proximate analyses data[J]. Renewable Energy, 2010, 35(1): 170-173.

[63] PIOTROWSKA P, ZEVENHOVEN M, DAVIDSSON K, et al. Fate of alkali metals and phosphorus of rapeseed cake in circulating fluidized bed boiler part 1: cocombustion with wood[J]. Energy Fuels, 2010, 24(1): 333-345.

[64] PIOTROWSKA P, ZEVENHOVEN M, DAVIDSSON K, et al. Fate of alkali metals and phosphorus of rapeseed cake in circulating fluidized bed boiler part 2: cocombustion with coal[J]. Energy & Fuels, 2010, 24(8): 4193-4205.

[65] MILES T R, BAXTER L L, BRYERS R W, et al. Alkali deposits found in biomass power plants: a preliminary investigation of their extent and nature. volume 1[R]. National Renewable Energy Lab., Bureau of Mines, Albany, OR (United States), Albany Research Center, 1995.

[66] KOUKOUZAS N, HÄMÄLÄINEN J, PAPANIKOLAOU D, et al. Mineralogical and elemental composition of fly ash from pilot scale fluidised bed combustion of lignite, bituminous coal, wood chips and their blends[J]. Fuel, 2007, 86: 2186-2193.

[67] KARAMPINIS E, VAMVUKA D, SFAKIOTAKIS S, et al. A comparative study of combustion properties of five energy crops and greek lignite[J]. Energy & Fuels, 2012, 26(2): 869-878.

[68] ZHANG L, NINOMIYA Y, WANG Q, et al. Influence of woody biomass (cedar chip) addition on the emissions of PM_{10} from pulverised coal combustion[J]. Fuel Guildford, 2011,90: 77-86.

[69] MIRANDA T, ROMÁN S, ARRANZ J I, et al. Emissions from thermal degradation of pellets with different contents of olive waste and forest residues[J]. Fuel Processing Technology, 2010, 91: 1459-1463.

[70] VAMVUKA D, ZOGRAFOS D, ALEVIZOS G. Control methods for

mitigating biomass ash-related problems in fluidized beds[J]. Bioresource Technology, 2008, 99: 3534-3544.

[71] KUMAGAI S, SHIMIZU Y, TOIDA Y, et al. Removal of dibenzothiophenes in kerosene by adsorption on rice husk activated carbon[J]. Fuel, 2009, 88: 1975-1982.

[72] VASSILEV S V, VASSILEVA C G, BAXTER D. Trace element concentrations and associations in some biomass ashes[J]. Fuel, 2014, 129: 292-313.

[73] ALVAREZ J, LOPEZ G, AMUTIO M, et al. Bio-oil production from rice husk fast pyrolysis in a conical spouted bed reactor[J]. Fuel, 2014, 128: 162-169.

[74] ARMESTO L, BAHILLO A, VEIJONEN K, et al. Combustion behaviour of rice husk in a bubbling fluidised bed[J]. Biomass & Bioenergy, 2002, 23: 171-179.

[75] SHENG S, XIANG J, SONG H, et al. Process evaluation and detailed characterization of biomass reburning in a single-burner furnace[J]. Energy & Fuels, 2012, 26(1): 302-312.

[76] RAJ T, KAPOOR M, GAUR R, et al. Physical and chemical characterization of various indian agriculture residues for biofuels production[J]. Energy & Fuels, 2015, 29(5): 3111-3118.

[77] DAYTON D C, JENKINS B M, TURN S Q, et al. Release of inorganic constituents from leached biomass during thermal conversion[J]. Energy Fuels, 1999, 13(4): 860-870.

[78] YANG T, MA J, LI R, et al. Ash melting behavior during co-gasification of biomass and polyethylene [J]. Energy & Fuels, 2014, 28 (5): 3096-3101.

[79] WANG G, SILVA R B, AZEVEDO J L T, et al. Evaluation of the combustion behaviour and ash characteristics of biomass waste derived fuels, pine and coal in a drop tube furnace[J]. Fuel, 2014, 117: 809-824.

[80] OKASHA F, EL-NAGGAR M, ZEIDAN E. Enhancing emissions reduction and combustion processes for biomass in a fluidized bed[J]. Energy & Fuels, 2014, 28(10): 609-628.

[81] GHALY A E, AL-TAWEEL A. Physical and thermochemical properties

of cereal straws[J]. Energy Sources，1990，12：131-145.

[82] OZYUGURAN A，AKTURK A，YAMAN S. Optimal use of condensed parameters of ultimate analysis to predict the calorific value of biomass [J]. Fuel，2018，214：640-646.

[83] YIN C Y. Prediction of higher heating values of biomass from proximate and ultimate analyses[J]. Fuel，2011，90(3)，1128-1132.

[84] SAMI M，ANNAMALAI K，WOOLDRIDGE M. Co-firing of coal and biomass fuel blends[J]. Progress in Energy & Combustion Science，2001，27(2)：171-214.

[85] ZHANG H，YE X，CHENG T，et al. A laboratory study of agricultural crop residue combustion in China：emission factors and emission inventory [J]. Atmospheric Environment，2008，42(36)：8432-8441.

[86] SAHAI S，SHARMA C，SINGH D P，et al. A study for development of emission factors for trace gases and carbonaceous particulate species from in situ burning of wheat straw in agricultural fields in India [J]. Atmospheric Environment，2007，41(39)：9173-9186.

[87] ZHANG J，SMITH K R，MA Y，et al. Greenhouse gases and other airborne pollutants from household stoves in China：a database for emission factors [J]. Atmospheric Environment，2000，34（26）：4537-4549.

[88] KRÜMAL K，MIKUŠKA P，HORÁK J，et al. Comparison of emissions of gaseous and particulate pollutants from the combustion of biomass and coal in modern and old-type boilers used for residential heating in the Czech Republic，Central Europe[J]. Chemosphere，2019，229：51-59.

[89] ZHANG Y，FAN X，LI B，et al. Assessing the potential environmental impact of fuel using exergy-cases of wheat straw and coal [J]. International Journal of Exergy，2017，23(1)：85.

[90] 国际能源署. 世界能源展望中国特别报告[M]. 北京：石油工业出版社，2017.

[91] TIAN C，ZHANG J，ZHAO Y，et al. Understanding of mineralogy and residence of trace elements in coals via a novel method combining low temperature ashing and float-sink technique[J]. International Journal of Coal Geology，2014，131：162-171.

［92］ ZHANG Y, GHALY A E, LI B. Determination of the exergy of four wheat straws[J]. American Journal of Biochemistry and Biotechnology, 2013, 9(3)：338-347.

［93］ ZHANG Y, YU X, LI B, et al. Exergy characteristics of woody biomass [J]. Energy Sources, 2016, 38(16)：2438-2446.

［94］ 张亚宁. 生物质燃料气化过程的热力学研究[D]. 哈尔滨:哈尔滨工业大学, 2012.

［95］ ZHANG Y, WANG Q, LI B, et al. Is there a general relationship between the exergy and HHV for rice residues[J]. Renewable Energy, 2018, 117：37-45.

［96］ ZHANG Y, CHEN P, LIU S, et al. Microwave-assisted pyrolysis of biomass for bio-oil production［M］. London：Intech Open, 2017：129-166.

［97］ CHEW T L, BHATIA S. Catalytic processes towards the production of biofuels in a palm oil and oil palm biomass-based biorefinery［J］. Bioresource Technology, 2008, 99(17)：7911-7922.

［98］ ZHANG Y, ZHAO W, LI B, et al. Understanding the sustainability of fuel from the viewpoint of exergy[J]. European Journal of Sustainable Development Research, 2018, 2(1)：9.

［99］ RUSSO D, DASSISTI M, LAWLOR V, et al. State of the art of biofuels from pure plant oil［J］. Renewable and Sustainable Energy Reviews, 2012, 16：4056-4070.

第 2 章

生物质燃料化学㶲的估算方法

本章主要介绍生物质燃料化学㶲的简易估算、复杂估算、Szargut 统计学估算三类估算方法。生物质燃料化学㶲的简易估算法主要是基于其热值进行直接估算或是在热值的基础上做简单修正进行估算，公式形式简单，计算简便，但是误差可能较大。生物质燃料化学㶲的复杂估算法主要是在生物质燃料元素成分、灰分及灰分成分的基础上进行估算，公式形式复杂，计算烦琐。基于 Szargut 统计学公式的生物质燃料化学㶲的新经验公式，包含灰分的化学㶲，能更精确地估算生物质燃料的化学㶲，结果相对精确，计算相对简单，但针对性较强。

2.1　概　　述

物质的㶲是指其经历某一(平衡或准静态)过程或某一系列(平衡或准静态)过程后最终与环境状态(也称"死寂"态,通常定为 25 ℃ 和 1.01×10^5 Pa)达到热力学平衡时所做的最大有用功。

如图 2.1 所示,物质的㶲通常有四种形式:①由于宏观机械运动所具有的动能㶲(kinetic exergy);②由于某种宏观势能(弹性势能、重力势能等)所具有的势能㶲(potential exergy);③由于温度差、压力差等所具有的物理㶲(有时也称为热能㶲)(physical exergy);④由于化学组分不同、浓度有差异所具有的化学㶲(chemical exergy)。

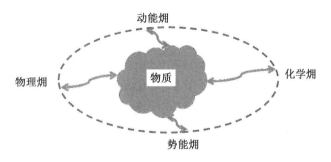

图 2.1　物质的㶲的形式

对于生物质燃料而言,其化学㶲占总㶲的绝大部分(通常在 99% 以上),因此,生物质燃料的㶲主要是指其化学㶲。在有些文献中,生物质燃料的㶲指其化学㶲(处于常温中静止的生物质燃料,其动能㶲、势能㶲和物理㶲均为零),可以直接用其化学㶲来表示。

生物质燃料通常含有灰分,没有明确、具体的化学式,因此为非规则燃料,其化学㶲不能通过现有方法或仪器测量,也不能通过某种理论方法精确计算,而是通过各种方法进行估算。

生物质燃料化学㶲的估算方法可以概括为:①基于热值简单修正的简易估算法;②基于元素成分、灰分成分等进行估算的复杂估算法;③基于特定燃料的新经验公式估算法。本章主要对这三类方法进行总结和介绍。

2.2　简易估算法

生物质燃料化学㶲的简易估算法主要是基于其热值进行直接估算或是在热值的基础上做简单修正进行估算。

文献[5]直接采用生物质的高位热值(HHV)估算生物质燃料的化学㶲,即

$$Ex = HHV \qquad (2.1)$$

式中　Ex——生物质燃料的化学㶲,kJ/kg;

　　　　HHV——生物质燃料的高位热值,kJ/kg。

Rant 提出基于生物质燃料的低位热值(LHV)估算生物质燃料的化学㶲,即

$$Ex = LHV + w_w r \qquad (2.2)$$

式中　Ex——生物质燃料的化学㶲,kJ/kg;

　　　　LHV——生物质燃料的低位热值,kJ/kg;

　　　　w_w——生物质燃料中水分的质量分数,%;

　　　　r——水分的蒸发潜热,为 2 510.4 kJ/kg。

生物质燃料化学㶲的简易估算法有如下特点:

①公式形式简单(尤其是基于生物质燃料热值直接估算其化学㶲的公式);

②计算简便(尤其是基于生物质燃料热值直接估算其化学㶲的公式);

③误差可能较大。

2.3　复杂估算法

生物质燃料化学㶲的复杂估算法主要是在生物质燃料元素成分、灰分及灰分成分的基础上进行估算。

Bilgen 等提出基于生物质的低位热值直接估算生物质燃料的化学㶲,即

$$Ex = \beta LHV \qquad (2.3)$$

式中　Ex——生物质燃料的化学㶲,kJ/kg;

LHV——生物质燃料的低位热值,kJ/kg;

β——关联因子。

关联因子 β 可以通过生物质燃料中 C、H、O、N 等元素成分的质量分数计算,即

$$\beta=1.047+0.015\ 4\frac{w_{\mathrm{H}}}{w_{\mathrm{C}}}+0.056\ 2\frac{w_{\mathrm{O}}}{w_{\mathrm{C}}}+0.590\ 4\frac{w_{\mathrm{N}}}{w_{\mathrm{C}}}\left(1-0.175\frac{w_{\mathrm{H}}}{w_{\mathrm{C}}}\right)\quad(2.4)$$

式中　β——关联因子;

　　　w_{C}——生物质燃料中碳元素的质量分数,%;

　　　w_{H}——生物质燃料中氢元素的质量分数,%;

　　　w_{O}——生物质燃料中氧元素的质量分数,%;

　　　w_{N}——生物质燃料中氮元素的质量分数,%。

Kotas 提出基于生物质燃料中水分、C、H、O、N、S 等的质量分数估算固体工业燃料的化学㶲,即

$$Ex=(\mathrm{LHV}+2\ 442w_{\mathrm{w}})\left(1.043\ 7+0.188\ 2\frac{w_{\mathrm{H}}}{w_{\mathrm{C}}}+0.061\ 0\frac{w_{\mathrm{O}}}{w_{\mathrm{C}}}+0.040\ 4\frac{w_{\mathrm{N}}}{w_{\mathrm{C}}}\right)+9\ 417w_{\mathrm{S}}$$
$$(2.5)$$

式中　Ex——生物质燃料的化学㶲,kJ/kg;

　　　LHV——生物质燃料的低位热值,kJ/kg;

　　　w_{w}——生物质燃料中水分的质量分数,%;

　　　w_{C}——生物质燃料中碳元素的质量分数,%;

　　　w_{H}——生物质燃料中氢元素的质量分数,%;

　　　w_{O}——生物质燃料中氧元素的质量分数,%;

　　　w_{N}——生物质燃料中氮元素的质量分数,%;

　　　w_{S}——生物质燃料中硫元素的质量分数,%。

Song 等提出基于生物质燃料中 C、H、O、N、S 和灰分等的质量分数估算干生物质燃料的化学㶲,即

$$Ex=1\ 812.5+295.606w_{\mathrm{C}}+587.354w_{\mathrm{H}}+17.506w_{\mathrm{O}}+17.735w_{\mathrm{N}}+$$
$$95.615w_{\mathrm{S}}-31.8w_{\text{灰分}}\quad(2.6)$$

式中　Ex——生物质燃料的化学㶲,kJ/kg;

　　　w_{C}——生物质燃料中碳元素的质量分数,%;

　　　w_{H}——生物质燃料中氢元素的质量分数,%;

　　　w_{O}——生物质燃料中氧元素的质量分数,%;

　　　w_{N}——生物质燃料中氮元素的质量分数,%;

w_S——生物质燃料中硫元素的质量分数，%；

$w_{灰分}$——生物质燃料中灰分的质量分数，%。

Song 等提出基于生物质燃料中 C、H、O、N、S 和灰分等的质量分数估算干固体燃料的化学㶲，即

$$Ex = 363.439w_C + 1\,075.633w_H - 86.308w_O + 4.147w_N + 190.798\,1w_S - 21.1w_{灰分}$$

$$(2.7)$$

式中　Ex——生物质燃料的化学㶲，kJ/kg；

w_C——生物质燃料中碳元素的质量分数，%；

w_H——生物质燃料中氢元素的质量分数，%；

w_O——生物质燃料中氧元素的质量分数，%；

w_N——生物质燃料中氮元素的质量分数，%；

w_S——生物质燃料中硫元素的质量分数，%；

$w_{灰分}$——生物质燃料中灰分的质量分数，%。

Shieh 和 Fan 提出基于生物质燃料中 C、H、O、N、S、F、Cl、Br、I 和灰分等的质量分数估算生物质、煤、液体燃料、废弃物等燃料的化学㶲，即

$$Ex = 8\,177.79w_C + 5.25w_N + 27\,892.63w_H + 4\,364.33w_S - 3\,173.66w_O +$$
$$5\,763.41w_F + 2\,810.57w_{Cl} + 1\,204.30w_{Br} + 692.50w_I -$$
$$298.15s_{灰分}w_{灰分} + 0.15w_O(7\,837.667w_C + 33\,888.889w_H -$$
$$4\,236.1w_O + 3\,828.75w_S + 4\,447.37w_F + 1\,790.9w_{Cl} +$$
$$681.97w_{Br} + 334.86w_I)$$

$$(2.8)$$

式中　Ex——生物质燃料的化学㶲，kJ/kg；

w_C——生物质燃料中碳元素的质量分数，%；

w_H——生物质燃料中氢元素的质量分数，%；

w_O——生物质燃料中氧元素的质量分数，%

w_N——生物质燃料中氮元素的质量分数，%；

w_S——生物质燃料中硫元素的质量分数，%；

w_F——生物质燃料中氟元素的质量分数，%；

w_{Cl}——生物质燃料中氯元素的质量分数，%；

w_{Br}——生物质燃料中溴元素的质量分数，%；

w_I——生物质燃料中碘元素的质量分数，%；

$w_{灰分}$——生物质燃料中灰分的质量分数，%；

$s_{灰分}$——灰分的比熵，kJ/(kg·K)。

Stepanov 提出基于生物质燃料中 C、H、O、N、S、F、Cl、Br、I 和灰分等的质量

分数估算固、液体燃料的化学㶲,即

$$Ex = 32\ 904.076w_C + 2\ 040.24w_N + 117\ 714.337w_H + 16\ 341.556w_S -$$
$$13\ 405.192w_O + 8\ 278.838w_F + 348.382w_{Cl} + 416.593w_{Br} + 128.567w_I -$$
$$298.15s_{灰分}w_{灰分} + 0.15w_O[32\ 833.33w_C + 141\ 865.08(w_H -$$
$$0.125w_O) + 19\ 500w_S + 9\ 789.47w_F + 705.06w_{Cl} +$$
$$1\ 226.29w_{Br} + 685.47w_I] \tag{2.9}$$

式中　Ex——生物质燃料的化学㶲,kJ/kg;

　　　w_C——生物质燃料中碳元素的质量分数,%;

　　　w_H——生物质燃料中氢元素的质量分数,%;

　　　w_O——生物质燃料中氧元素的质量分数,%;

　　　w_N——生物质燃料中氮元素的质量分数,%;

　　　w_S——生物质燃料中硫元素的质量分数,%;

　　　w_F——生物质燃料中氟元素的质量分数,%;

　　　w_{Cl}——生物质燃料中氯元素的质量分数,%;

　　　w_{Br}——生物质燃料中溴元素的质量分数,%;

　　　w_I——生物质燃料中碘元素的质量分数,%;

　　　$w_{灰分}$——生物质燃料中灰分的质量分数,%;

　　　$s_{灰分}$——灰分的比熵,kJ/(kg·K)。

　　Qian 等提出估算 $C_xH_yO_zN_aS_b$ 燃料的化学㶲,即

$$Ex = xEx_{CO_2} + \frac{y}{2}Ex_{H_2O} + \frac{a}{2}Ex_{N_2} + bEx_{SO_2} - \left(x + \frac{y}{4} - \frac{z}{2} + b\right)Ex_{O_2} + HHV +$$
$$T_0\left[xS_{CO_2}^\ominus + \frac{y}{2}S_{H_2O}^\ominus + \frac{a}{2}S_{N_2}^\ominus + bS_{SO_2}^\ominus - \left(x + \frac{y}{4} - \frac{z}{2} + b\right)S_{O_2}^\ominus -$$
$$(0.005\ 5w_C + 0.095\ 4w_H + 0.009\ 6w_O + 0.009\ 8w_N +$$
$$0.013\ 8w_S)] \tag{2.10}$$

式中　Ex——生物质燃料的化学㶲,kJ/kg;

　　　x——1 kg 干生物质燃料中碳的摩尔数;

　　　y——1 kg 干生物质燃料中氢的摩尔数;

　　　z——1 kg 干生物质燃料中氧的摩尔数;

　　　a——1 kg 干生物质燃料中氮的摩尔数;

　　　b——1 kg 干生物质燃料中硫的摩尔数;

　　　Ex_{CO_2}——CO_2 的化学㶲,kJ/mol;

　　　Ex_{SO_2}——SO_2 的化学㶲,kJ/mol;

Ex_{H_2O}——H_2O 的化学㶲,kJ/mol;

Ex_{N_2}——N_2 的化学㶲,kJ/mol;

Ex_{O_2}——O_2 的化学㶲,kJ/mol;

$S^{\ominus}_{CO_2}$——CO_2 的标准熵,kJ/(mol·K);

$S^{\ominus}_{SO_2}$——SO_2 的标准熵,kJ/(mol·K);

$S^{\ominus}_{H_2O}$——H_2O 的标准熵,kJ/(mol·K);

$S^{\ominus}_{N_2}$——N_2 的标准熵,kJ/(mol·K);

$S^{\ominus}_{O_2}$——O_2 的标准熵,kJ/(mol·K);

w_C——干生物质燃料中碳元素的质量分数,%;

w_H——干生物质燃料中氢元素的质量分数,%;

w_O——干生物质燃料中氧元素的质量分数,%;

w_N——干生物质燃料中氮元素的质量分数,%;

w_S——干生物质燃料中硫元素的质量分数,%;

HHV——干生物质燃料的高位热值,kJ/kg。

CO_2、SO_2、H_2O(l)、N_2 和 O_2 等物质的标准摩尔化学㶲和标准摩尔熵见表 2.1。

表 2.1　物质的标准摩尔化学㶲和标准摩尔熵

物质	标准摩尔化学㶲/(kJ·mol^{-1})	标准摩尔熵/(kJ·mol·K^{-1})
O_2	3.97	0.205
CO_2	19.87	0.214
H_2O(l)	0.95	0.070
N_2	0.72	0.192
SO_2	310.93	0.249

Szargut 等提出基于统计学方法估算生物质燃料的化学㶲,即

$$Ex = (LHV + w_w h_w)\beta + Ex_w w_w + 9\,683 w_s + Ex_{灰分} w_{灰分} \qquad (2.11)$$

式中　Ex——生物质燃料的化学㶲,kJ/kg;

β——关联因子;

h_w——水的蒸发焓,2 442 kJ/kg;

w_w——生物质燃料中水的质量分数,%;

w_s——生物质燃料中硫的质量分数,%;

$w_{灰分}$——生物质燃料中灰分的质量分数,%;

Ex_w——水的化学㶲,900 kJ/kmol;

$Ex_{灰分}$——灰分的化学㶲,kJ/kg;

LHV——生物质燃料的低位热值。

上式中关联因子 β 有不同的表达式:

(1)对于固体碳、氢燃料:

$$\beta = 1.043\ 5 + 0.015\ 9\ \frac{x_H}{x_C} \tag{2.12}$$

(2)对于固体碳、氢、氧燃料:

$$\beta = 1.043\ 8 + 0.015\ 8\ \frac{x_H}{x_C} + 0.081\ 3\ \frac{x_O}{x_C} \quad \left(\frac{x_O}{x_C} \leqslant 0.5\right) \tag{2.13}$$

$$\beta = \frac{1.041\ 4 + 0.017\ 7\ \frac{x_H}{x_C} - 0.332\ 8\ \frac{x_O}{x_C}\left(1 + 0.053\ 7\ \frac{x_H}{x_C}\right)}{1 - 0.402\ 1\ \frac{x_O}{x_C}} \quad \left(\frac{x_O}{x_C} \leqslant 2\right)$$

$$\tag{2.14}$$

注:表达式中 $\frac{x_O}{x_C}$ 范围不同、误差不同,可选择使用。

(3)对于含碳、氢、氧、氮等固体燃料:

$$\beta = 1.043\ 7 + 0.014\ 0\ \frac{x_H}{x_C} + 0.096\ 8\ \frac{O}{C} + 0.046\ 7\ \frac{x_N}{x_C} \quad \left(\frac{x_O}{x_C} \leqslant 0.5\right) \tag{2.15}$$

$$\beta = \frac{1.044 + 0.016\ 0\ \frac{x_H}{x_C} - 0.349\ 3\ \frac{x_O}{x_C}\left(1 + 0.053\ 1\ \frac{x_H}{x_C}\right) + 0.049\ 3\ \frac{x_N}{x_C}}{1 - 0.412\ 4\ \frac{w_O}{w_C}} \quad \left(\frac{x_O}{x_C} \leqslant 2\right)$$

$$\tag{2.16}$$

(4)对于木质类生物质燃料:

$$\beta = \frac{1.041\ 2 + 0.216\ 0\ \frac{w_H}{w_C} - 0.249\ 9\ \frac{w_O}{w_C}\left(1 + 0.788\ 4\ \frac{w_H}{w_C}\right) + 0.045\ 0\ \frac{w_N}{w_C}}{1 - 0.303\ 5\ \frac{w_O}{w_C}}$$

$$\tag{2.17}$$

式中　x_C——生物质燃料分子式中碳的数量;

x_H——生物质燃料分子式中氢的数量;

x_O——生物质燃料分子式中氧的数量;

x_N——生物质燃料分子式中氮的数量;

w_C——生物质燃料中碳的质量分数,%;

w_H——生物质燃料中氢的质量分数,%;

w_O——生物质燃料中氧的质量分数,%;

w_N——生物质燃料中氮的质量分数,%。

生物质燃料的灰分主要含 Al_2O_3、CaO、Fe_2O_3、K_2O、MgO、MnO、Na_2O、P_2O_5、SO_3、SiO_2 和 TiO_2 等物质,因此,生物质燃料灰分的化学㶲($Ex_{灰分}$)可以通过其成分的化学㶲确定。Al_2O_3、CaO、Fe_2O_3、K_2O、MgO、MnO、Na_2O、P_2O_5、SO_3、SiO_2 和 TiO_2 等部分氧化物的化学㶲见表 2.2。

表 2.2 部分氧化物的化学㶲

物质	化学㶲/(kJ·mol^{-1})
Al_2O_3	200.40
CaO	110.20
Fe_2O_3	16.50
K_2O	413.10
MgO	66.80
MnO	119.40
Na_2O	296.20
P_2O_5	412.65
SO_3	249.10
SiO_2	7.90
TiO_2	79.90

生物质燃料化学㶲的复杂估算法具有如下特点:

(1)公式形式复杂。

(2)计算烦琐。

(3)误差可能大(尤其是关联因子 β 较大时)。

2.4 新经验公式

Szargut 的统计学公式(2.11)中包含生物质灰分的化学㶲,能更精确地估算生物质燃料的化学㶲,因此成为目前估算生物质化学㶲的最广泛公式之一。在 Szargut 的统计学公式(2.11)的基础上,不少学者研究了生物质燃料的化学㶲,并提出了估算生物质燃料化学㶲的新经验公式。

在 Szargut 的统计学公式(2.11)的基础上,本课题组研究了多种农业废弃物的化学㶲,提出了化学㶲与低位热值的线性关联式,即

(1)对于 3 种燕麦秸秆:

$$Ex = -2.256 + 1.282 LHV (R^2 = 0.938) \tag{2.18}$$

(2)对于 4 种小麦秸秆:

$$Ex = 5.683 + 0.845 LHV (R^2 = 0.945) \tag{2.19}$$

(3)对于 4 种不同种类的麦秸秆:

$$Ex = 1.860 + 1.050 LHV (R^2 = 0.940) \tag{2.20}$$

(4)对于 6 种稻壳:

$$Ex = 0.164 + 1.127 LHV (R^2 = 0.998) \tag{2.21}$$

式中　Ex——生物质燃料的化学㶲,MJ/kg;

　　　　LHV——生物质燃料的低位热值,MJ/kg。

本课题组也提出了化学㶲与高位热值的线性关联式,即

(1)对于 24 种稻草:

$$Ex = 941.905 + 1.003 HHV \tag{2.22}$$

(2)对于 28 种稻壳:

$$Ex = 1\,312.038 + 0.977 HHV \tag{2.23}$$

(3)对于 52 种稻草/稻壳:

$$Ex = 1\,130.548 + 0.990 HHV \tag{2.24}$$

式中　Ex——生物质燃料的化学㶲,kJ/kg;

　　　　HHV——生物质燃料的高位热值,kJ/kg。

本课题组研究了多种木质生物质燃料的化学㶲,也提出了化学㶲与热值的线性关联式,即

(1)对于 44 种木屑:

$$Ex = 2\,406.601 + 0.996 LHV \tag{2.25}$$

$$Ex = 435.031 + 1.029 HHV \tag{2.26}$$

(2)对于 64 种木质生物质燃料:

$$Ex = 342.50 + 1.04 HHV \tag{2.27}$$

$$Ex = 2\,289.87 + 1.01 LHV \tag{2.28}$$

式中　Ex——生物质燃料的化学㶲,kJ/kg;

　　　　HHV——生物质燃料的高位热值,kJ/kg;

　　　　LHV——生物质燃料的低位热值,kJ/kg。

基于 44 种木屑灰分化学㶲与灰分成分的关联式,Zhang 等提出了估算木屑

化学㶲的经验关联式,即

$$Ex = \beta(LHV + w_w h_w) + 9\ 683 w_s + Ex_w w_w + 15.824 w_{\text{灰分}} + 2.102 \quad (2.29)$$

式中　　Ex——生物质燃料的化学㶲,kJ/kg;

　　　　LHV——生物质燃料的低位热值,kJ/kg;

　　　　Ex_w——水的化学㶲,900 kJ/kmol;

　　　　β——关联因子;

　　　　w_w——水的质量分数,%;

　　　　w_s——硫的质量分数,%;

　　　　h_w——水的蒸发焓,为 2 442 kJ/kg。

基于 64 种木质生物质灰分化学㶲与灰分成分的关联式,Zhang 等提出了估算木质生物质化学㶲的经验关联式,即

$$Ex = (LHV + w_w h_w)\beta + Ex_w w_w + 9\ 683 w_s + 10.25 w_{\text{灰分}} + 10.92 \quad (2.30)$$

式中　　Ex——生物质燃料的化学㶲,MJ/kg;

　　　　LHV——生物质燃料的低位热值,MJ/kg;

　　　　Ex_w——水的化学㶲,900 kJ/kmol;

　　　　w_w——水的质量分数,%;

　　　　w_s——硫的质量分数,%。

基于 64 种木质生物质灰分化学㶲的平均值,Zhang 等提出了估算木质生物质化学㶲的经验关联式,即

$$Ex = (LHV + w_w h_w)\beta + Ex_w w_w + 9\ 683 w_s + 1\ 685.63 w_{\text{灰分}} \quad (2.31)$$

式中　　Ex——生物质燃料的化学㶲,MJ/kg;

　　　　LHV——生物质燃料的低位热值,MJ/kg;

　　　　w_w——生物质燃料中水的质量分数,%;

　　　　w_s——生物质燃料中硫的质量分数,%;

　　　　$w_{\text{灰分}}$——生物质燃料中灰分的质量分数,%。

基于 64 种木质生物质灰分化学㶲的平均值,Li 等提出了估算木质生物质化学㶲的另一种经验关联式,即

$$Ex = (HHV - 21.978 w_H + w_w h_w)\beta + Ex_w w_w + 9\ 683 w_s + 1\ 685.63 w_{\text{灰分}}$$

$$(2.32)$$

式中　　Ex——生物质燃料的化学㶲,kJ/kg;

　　　　HHV——生物质燃料的高位热值,kJ/kg;

　　　　w_H——生物质燃料中氢的质量分数,%;

　　　　w_s——生物质燃料中硫的质量分数,%;

w_w——生物质燃料中水的质量分数，%；

$w_{灰分}$——生物质燃料中灰分的质量分数，%。

估算生物质燃料化学㶲的新经验公式有如下特点：

(1)结果相对精确(考虑了灰分的影响)。

(2)计算相对简单(尤其是化学㶲与热值的线性关联式)。

(3)针对性比较强(主要针对特定的生物质燃料)。

2.5　本章小结

本章主要介绍了生物质燃料化学㶲的三类估算方法。

生物质燃料化学㶲的简易估算法主要是基于其热值进行直接估算或是在热值的基础上做简单修正进行估算，公式形式简单，计算简便，但是误差可能较大。

生物质燃料化学㶲的复杂估算法主要是在生物质燃料元素成分、灰分及灰分成分的基础上进行估算的，公式形式复杂，计算烦琐。

基于 Szargut 的统计学公式的生物质燃料化学㶲的新经验公式，包含了灰分的化学㶲，能更精确地估算生物质燃料的化学㶲，结果相对精确，计算相对简单，但针对性较强。

本章参考文献

[1] SZARGUT J. International progress in second law analysis[J]. Energy，1980，5(8-9)：709-718.

[2] ZHANG Y, LI B, ZHANG H. Exergy of biomass[M]. New York：Nova Science Publishers，2020.

[3] ZHANG Y, ZHAO W, LI B, et al. Understanding the sustainability of fuel from the viewpoint of exergy[J]. European Journal of Sustainable Development Research，2018，2 (1)：9.

[4] ZHANG Y, ZHAO Y, GAO X, et al. Energy and exergy analyses of syngas produced from rice husk gasification in an entrained flow reactor [J]. Journal of Cleaner Production，2019，5：27-28.

[5] ZHU M. Exergy analysis of energy system[M]. Beijing：Tsinghua University Press，1988.

[6] RANT Z. Towards the estimation of specific exergy of fuels[J]. Allg Wärmetech, 1961, 10: 172-176.

[7] BILGEN S, KELES S, KAYGUSUZ K. Calculation of higher and lower heating values and chemical exergy values of liquid products obtained from pyrolysis of hazelnut cupulae[J]. Energy, 2012, 41(1): 380-385.

[8] KOTAS T J. The exergy method of thermal plant analysis[M]. Amsterdam: Elsevier, 1985.

[9] SONG G, SHEN L, XIAO J. Estimating specific chemical exergy of biomass from basic analysis data[J]. Industrial & Engineering Chemistry Research, 2011, 50(16): 9758-9766.

[10] SONG G, XIAO J, HAO Z, et al. A unified correlation for estimating specific chemical exergy of solid and liquid fuels[J]. Energy, 2012, 40(1): 164-173.

[11] SHIEH J H, FAN L T. Estimation of energy (enthalpy) and exergy (availability) contents in structurally complicated materials[J]. Energy Sources, 1982, 6(1): 1-46.

[12] STEPANOV V S. Chemical energies and exergies of fuels[J]. Energy, 1995, 20(3): 235-242.

[13] QIAN H, ZHU W, FAN S, et al. Prediction models for chemical exergy of biomass on dry basis from ultimate analysis using available electron concepts[J]. Energy, 2017, 131: 251-258.

[14] SZARGUT J M, MORRIS D R, STEWARD F R. Exergy analysis of thermal, chemical, and metallurgical processes[M]. New York: Hemisphere Publishing, 1988.

[15] MORAN M J, SHAPIRO H N, BOETTNER D D, et al. Fundamentals of engineering thermodynamics[M]. New Jersey: John Wiley & Sons, 2010.

[16] ZHANG Y, GAO X, LI B, et al. Exergy of oat straw[J]. Energy sources, part a: recovery, utilization, and environmental effects, 2016, 38(11): 1574-1581.

[17] ZHANG Y, GHALY A E, LI B. Determination of the exergy of four wheat straws[J]. American Journal of Biochemistry and Biotechnology, 2013, 9(3): 338-347.

[18] ZHANG Y, GHALY A E, LI B. Influences of physical and thermochemical properties on the exergy of cereal straws[J]. Journal of Fundamentals of Renewable Energy and Applications, 2014, 4(134): 2.

[19] ZHANG Y, GHALY A E, LI B. Comprehensive investigation into the exergy values of six rice husks[J]. American Journal of Engineering and Applied Sciences, 2013, 6(2): 216.

[20] ZHANG Y, WANG Q, LI B, et al. Is there a general relationship between the exergy and HHV for rice residues? [J]. Renewable Energy, 2018, 117: 37-45.

[21] ZHHANG Y, LI B, ZHANG H, et al. Exergy of sawdust[M]. New York: Nova Science Publishers, 2017.

[22] ZHANG Y, GAO X, LI B, et al. An expeditious methodology for estimating the exergy of woody biomass by means of heating values[J]. Fuel, 2015, 159: 712-719.

[23] ZHANG Y, ZHAO W, LI B, et al. Two equations for estimating the exergy of woody biomass based on the exergy of ash[J]. Energy, 2016, 106: 400-407.

第3章

生物质燃料化学㶲的多过程热力学模型

生物质燃料的化学㶲是由于其化学成分不平衡而具有的㶲,可以定义为生物质燃料的化学成分经历一系列(平衡或准静态)过程最终与环境达到热力学平衡时所做的最大有用功。基于㶲的定义,本章将生物质燃料化学成分与环境成分达到热力学平衡所经历的一系列(平衡或准静态)过程关联到生物质燃料的燃烧过程上。在此基础上,构建生物质燃料化学㶲的多过程热力学模型,并对化学㶲进行表征。生物质燃料化学㶲的多过程热力学模型包括氧气分离、化学反应和产物扩散三个过程,分别对应氧气分离㶲、化学反应㶲和产物扩散㶲。生物质燃料的化学㶲为氧气分离㶲、化学反应㶲和产物扩散㶲之和,其中产物扩散㶲为气体扩散㶲和灰分扩散㶲之和。

3.1　概　　述

第 2 章总结和介绍了生物质燃料化学㶲的三类估算方法:①基于热值简单修正的简易估算法;②基于元素成分、灰分成分等进行估算的复杂估算法;③基于特定燃料的新经验公式估算法。

表 3.1 总结了以上三类估算方法的特点。一般来讲,生物质燃料化学㶲的简易估算法具有如下特点:①公式形式简单(尤其是基于生物质燃料热值直接估算其化学㶲的公式);②计算简便(尤其是基于生物质燃料热值直接估算其化学㶲的公式);③误差可能比较大。

表 3.1　生物质燃料化学㶲三类估算方法的特点

估算方法	优点	缺点
简易估算法	形式简单 计算简便	误差可能较大
复杂估算法	形式复杂 计算烦琐	误差可能较大
新经验公式估算法	结果相对精确 计算相对简单	针对性比较强 普适性、通用性比较弱

生物质燃料化学㶲的复杂估算法具有如下特点:①公式形式复杂;②计算烦琐;③误差可能较大(尤其是关联因子 β 较大时)。

生物质燃料化学㶲的新经验公式估算法具有如下特点:①结果相对精确(考虑到了灰分的影响);②计算相对简单(尤其是化学㶲与热值的线性关联式);③针对性比较强(主要针对特定的生物质燃料);④普适性、通用性比较弱。

本章将严格依据㶲的定义,建立生物质燃料化学㶲的多过程热力学模型,并对生物质燃料的化学㶲进行表征。

3.2 多过程热力学模型

生物质燃料的化学㶲是由于其化学成分不平衡而具有的㶲,可以定义为生物质燃料的化学成分经历一系列(平衡或准静态)过程最终与环境达到热力学平衡时所做的最大有用功。

生物质燃料的化学成分经历某一个或某一系列(平衡或准静态)过程最终与环境达到热力学平衡,其实主要是化学元素或成分的平衡。环境成分或环境中的基准物质及其体积分数见表 3.2。

表 3.2 环境成分或环境中的基准物质及其体积分数

物质	体积分数
N_2	0.756 0
O_2	0.203 4
H_2O	0.031 2
CO_2	0.000 3
Ar	0.009 1

从燃料利用的角度来讲,生物质燃料主要利用的是其放出的热量,生物质燃料中的 C、H 等元素最终分别生成 CO_2、H_2O 等物质,这与生物质燃料的燃烧产物相同。因此,可将生物质燃料化学成分与环境成分达到热力学平衡所经历的一系列(平衡或准静态)过程关联到生物质燃料的燃烧过程。在此基础上,可建立生物质燃料化学㶲的多过程热力学模型,如图 3.1 所示。

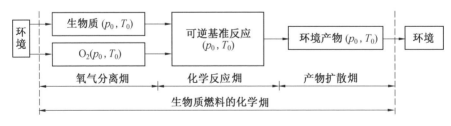

图 3.1 生物质燃料化学㶲的多过程热力学模型

生物质燃料化学㶲的多过程热力学模型包括三个过程：

（1）氧气分离。

氧气分离过程是在标准环境状态（$p_0=1$ atm（1 atm＝101.325 kPa）和 $T_0=$ 25 ℃）下，把生物质燃料（完全）燃烧所需要的氧气从大气环境中分离出来。

（2）化学反应。

化学反应过程中，生物质燃料与氧气完全燃烧，释放出热量，并生成大气环境中的物质（CO_2、H_2O 等）。该过程的起止条件均是在标准环境状态 p_0 和 T_0 下。

（3）产物扩散。

产物扩散过程是在标准环境状态 p_0 和 T_0 下，把生物质燃料完全燃烧所生成的物质扩散到大气环境中，与环境中的物质达到平衡（浓度平衡）。

以上三个过程分别对应三种㶲：

①氧气分离㶲（oxygen separation exergy）。

②化学反应㶲（chemical reaction exergy）。

③产物扩散㶲（products diffusion exergy）。

在此基础上，可以获得生物质燃料的化学㶲，即以上三种㶲（氧气分离㶲、化学反应㶲和产物扩散㶲）之和。

3.3 氧气分离㶲

把理想气体从状态 1 经可逆过程变化到状态 2 所做的最大有用功，即技术功，可表示为

$$W_t=-\int_1^2 mv\mathrm{d}p=-\int_1^2 \frac{nRT}{p}\mathrm{d}p=-nRT\ln\frac{p_2}{p_1} \qquad (3.1)$$

式中 W_t——技术功；

v——比体积；

m——质量；

n——摩尔数；

p——压力；

T——温度；

R——通用气体常数；

1——起始状态；

2——终止状态。

气体扩散㶲为气体在标准环境状态($p_0=1\ atm$ 和 $T_0=25\ ℃$)下经可逆过程与环境达到热力平衡时所做的最大有用功,可表示为

$$Ex_{D}=W_{t,i}=-n_iRT_0\ln\frac{p_i^0}{p_0} \tag{3.2}$$

式中　Ex_D——气体扩散㶲;

　　　　i——气体 i;

　　　　n_i——气体 i 的摩尔数;

　　　　p_0——环境压力或标准状态时的压力;

　　　　T_0——环境温度或标准状态时的温度;

　　　　p_i^0——气体 i 在环境状态时的分压力。

氧气分离㶲为在标准环境状态($p_0=1\ atm$ 和 $T_0=25\ ℃$)下经可逆过程把氧气从环境中分离出来所做的最大有用功,是扩散㶲的负值,可表示为

$$Ex_{S}=n_{O_2}RT_0\ln\frac{p_{O_2}^0}{p_0} \tag{3.3}$$

式中　Ex_S——氧气分离㶲;

　　　　n_{O_2}——分离氧气的摩尔数;

　　　　$p_{O_2}^0$——标准环境状态时氧气的分压力。

3.4　化学反应㶲

化学反应过程要求生物质燃料和氧气在标准环境状态下反应,并且反应的产物为环境基准产物(表 3.2)。此过程的能量方程为

$$Q=\Delta H^{\ominus}+W \tag{3.4}$$

式中　Q——系统和环境之间的热量传递;

　　　　$\Delta H^{\ominus}$——标准反应热;

　　　　W——反应过程做的功。

如果过程可逆,最大可用功为化学反应㶲,即

$$W_{max}=Q_{rev}-\Delta H^{\ominus} \tag{3.5}$$

式中　W_{max}——最大可用功;

　　　　Q_{rev}——可逆过程的热量传递。

对于可逆过程:

$$Q_{rev} = T_0 \Delta S^{\ominus} \tag{3.6}$$

式中　$\Delta S^{\ominus}$——标准熵变。

　　因此,化学反应㶲可以表示为

$$Ex_R = -\Delta H^{\ominus} + T_0 \Delta S^{\ominus} \tag{3.7}$$

式中　Ex_R——化学反应。

　　由于标准反应自由焓定义为

$$\Delta G^{\ominus} = \Delta H^{\ominus} - T_0 \Delta S^{\ominus} \tag{3.8}$$

式中　$\Delta G^{\ominus}$——标准反应自由焓。

　　因此,有

$$Ex_R = -\Delta H^{\ominus} + T_0 \Delta S^{\ominus} = -\Delta G^{\ominus} \tag{3.9}$$

3.5　产物扩散㶲

　　产物扩散㶲是指环境产物向环境扩散并与环境达到热力学平衡,此过程的最大可用功为产物扩散㶲。

　　当生物质完全燃烧时,最终产物是气体和灰分。因此,生物质的产物扩散㶲可以分为气体扩散㶲($Ex_{D,气体}$)和灰分扩散㶲($Ex_{D,灰分}$)。

　　气体扩散㶲可由下式表示:

$$Ex_{D,气体} = -RT_0 \sum_k n_k \ln \frac{p_k^0}{p_0} \tag{3.10}$$

式中　$Ex_{D,气体}$——气体扩散㶲;

　　　　k——气体产物;

　　　　n_k——气体产物 k 的摩尔数;

　　　　p_k^0——气体产物 k 在标准环境状态时的分压力。

　　式(3.10)可以进一步调整为

$$Ex_{D,气体} = -RT_0 \sum_k n_k \ln y_k^0 \tag{3.11}$$

式中　y_k^0——气体产物 k 在标准环境状态时的压力分数或体积分数。

　　灰分扩散㶲可由下式表示:

$$Ex_{D,灰分} = \sum_i m_i Ex_i \tag{3.12}$$

式中　$Ex_{D,灰分}$——灰分扩散㶲;

　　　　m_i——灰分成分 i 的质量;

Ex_i——灰分成分 i 的标准化学㶲。

生物质的灰分主要含有 Al_2O_3、CaO、Fe_2O_3、K_2O、MgO、MnO、Na_2O、P_2O_5、SO_3、SiO_2、TiO_2 等成分,其标准化学㶲见表 2.2。

生物质的产物扩散㶲为气体扩散㶲($Ex_{D,气体}$)和灰分扩散㶲($Ex_{D,灰分}$)之和,可以表示为

$$Ex_D = \sum_i m_i Ex_i - RT_0 \sum_k n_k \ln y_k^0 \tag{3.13}$$

式中 Ex_D——生物质的产物扩散㶲。

3.6 生物质燃料的化学㶲

生物质燃料基于多过程热力学模型的化学㶲为氧气分离㶲、化学反应㶲和产物扩散㶲,可以表示为

$$Ex = Ex_S + Ex_R + Ex_D \tag{3.14}$$

式中 Ex——生物质燃料的化学㶲;

Ex_S——氧气分离㶲;

Ex_R——化学反应㶲;

Ex_D——产物扩散㶲。

进一步,有

$$Ex = n_{O_2} RT_0 \ln \frac{p_{O_2}^0}{p_0} - \Delta G^\ominus + \sum_i m_i Ex_i - RT_0 \sum_k n_k \ln y_k^0 \tag{3.15}$$

式中 i——灰分成分 i;

k——气体成分 k。

3.7 本章小结

本章基于㶲的定义,主要介绍了生物质燃料化学㶲的多过程热力学模型,并对化学㶲进行了表征。

生物质燃料化学㶲的多过程热力学模型包括氧气分离、化学反应和产物扩散三个过程,分别对应氧气分离㶲、化学反应㶲和产物扩散㶲。

生物质燃料的化学㶲为氧气分离㶲、化学反应㶲和产物扩散㶲之和,其中产物扩散㶲为气体扩散㶲和灰分扩散㶲之和。

本章参考文献

［1］ ZHANG Y，LI B，ZHANG H. Exergy of biomass［M］. New York：Nova Science Publishers，2020.

［2］ 朱明善.能量系统的㶲分析［M］.北京:清华大学出版社,1988.

第 4 章

多过程热力学模型的验证

氧 弹量热仪能实现生物质燃料的充分燃烧,已被广泛应用于测量生物质燃料的热值。本章基于氧弹量热仪系统,从系统热量、产物扩散等角度修正生物质燃料化学㶲的计算式。石墨是分子式最简单的燃料之一,苯甲酸是使用氧弹量热仪测定燃料热值所采用的标定物质,且这两种固体燃料的热值和化学㶲均为已知值。基于此,本章测定石墨和苯甲酸在不同载量、压力等工况时的热值,计算其分离㶲、反应㶲、扩散㶲和化学㶲;分别对比两种燃料测定热值和计算化学㶲与其已知热值和化学㶲的误差,验证生物质燃料化学㶲的多过程热力学模型的准确性。

4.1 概　　述

生物质燃料为非规则燃料(通常含有灰分、水分等),没有明确、具体的化学式,因此,其化学㶲不能通过现有方法或仪器测量,也不能通过某种理论方法精确计算,而只能通过各种方法进行估算。

本书第 3 章提出的估算生物质燃料化学㶲的多过程热力学模型较之前的估算方法可能有较高的精度,但是,其准确性仍是不能检验的。

本章拟将生物质燃料化学㶲的多过程热力学模型应用于已知化学㶲的燃料(例如石墨、苯甲酸等),从而检验多过程热力学模型的精度。

4.2 多过程热力学模型的修正

从目前生物质燃料化学㶲的估算方法看,生物质燃料化学㶲的估算公式与其热值(高位热值 HHV 或低位热值 LHV)有紧密的关系。因为生物质燃料的热值可以通过试验仪器测定(例如氧弹量热仪),所以生物质燃料的化学㶲也有望得到测定。

下面基于氧弹量热仪等设备,对生物质燃料化学㶲的多过程热力学模型进行修正。

4.2.1 基于热量的修正

根据热力学第一定律:

$$Q = \Delta E + \int_{(\tau)} (e_2 \delta m_2 - e_1 \delta m_1) + W_{\text{tot}} \qquad (4.1)$$

式中 Q ——热力系统与环境之间的换热;

ΔE——热力系统的能量增量;

e——物质的比能;

m——物质的质量;

1——进入;

2——流出;

W_{tot}——热力系统与环境之间的功。

对于氧弹量热仪等试验设备,可将其看作闭口系统进行热力学分析。因此,$m_1 = m_2 = 0$。

氧弹量热仪与环境之间没有功传递,因此 $W_{\text{tot}} = 0$。

热力学第一定律进一步表示为

$$Q_V = \Delta U \tag{4.2}$$

式中　Q_V——热力系统在定容时的热量传递;

　　　ΔU——热力系统热力学内能的变化量。

进一步有

$$Q_V = U_{\text{Pr}} - U_{\text{Re}} \tag{4.3}$$

式中　U_{Pr}——产物的热力学内能;

　　　U_{Re}——反应物的热力学内能。

对于闭口热力系统,有

$$Q_p = H_{\text{Pr}} - H_{\text{Re}} = \Delta H \tag{4.4}$$

式中　Q_p——热力系统在定压时的热量传递;

　　　H_{Pr}——产物的焓值;

　　　H_{Re}——反应物的焓值;

　　　ΔH——热力系统焓的变化量。

ΔH 和 ΔU 有如下关系:

$$Q_p - Q_V = (H_{\text{Pr}} - H_{\text{Re}}) - (U_{\text{Pr}} - U_{\text{Re}}) = (pV)_{\text{Pr}} - (pV)_{\text{Re}} = RT(n_{\text{Pr}} - n_{\text{Re}})$$
$$\tag{4.5}$$

式中　n_{Pr}——产物的摩尔数;

　　　n_{Re}——反应物的摩尔数。

对于生物质燃料,与㶲相关的功要求在标准环境状态下(p_0, T_0),因此有

$$Q_p^{\ominus} = \Delta H^{\ominus} = RT_0 \Delta n + Q_V^{\ominus} \tag{4.6}$$

式中　$Q_p^{\ominus}$——定压状态下的标准热效应;

　　　$Q_V^{\ominus}$——定容状态下的标准热效应;

　　　Δn——气体摩尔数的改变量。

将式(4.6)代入式(3.8),则

$$\Delta G^{\ominus} = \Delta H^{\ominus} - T_0 \Delta S^{\ominus} = RT_0 \Delta n + Q_V^{\ominus} - T_0 \Delta S^{\ominus} \quad (4.7)$$

4.2.2　基于产物扩散的修正

假设气体某状态 1 点的压力和温度分别为 p 和 T,经过一可逆过程后在标准环境状态(p_0,T_0)达到平衡到 0 点。如图 4.1 所示,此可逆过程$(1→0)$可以分为两个可逆子过程:①第一可逆子过程 A,气体由起始状态 1 点(p,T)经定熵过程 A 到达中间状态点 2(p_2,T_0);②第二可逆子过程 B,气体由中间状态点 2(p_2,T_0)经定温过程 B 到达标准环境状态点 0(p_0,T_0)。

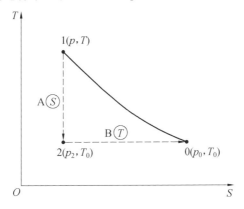

图 4.1　热力过程的 $T-S$ 图

第一可逆子过程 A 所做的功表示为

$$W_A = Q_{1→2} - (U_2 - U_1) = 0 - (U_{T0} - U_T) = U_T - U_{T0} \quad (4.8)$$

式中　W_A——第一可逆子过程 A 所做的功;

$\quad Q_{1→2}$——第一可逆子过程 A 中的吸热;

$\quad U_2$——气体在中间状态点 2 时的热力学内能;

$\quad U_1$——气体在起始状态点 1 时的热力学内能;

$\quad U_{T0}$——气体在 T_0 时的热力学内能;

$\quad U_T$——气体在 T 时的热力学内能。

第二可逆子过程 B 所做的功表示为

$$
\begin{aligned}
W_B &= Q_{2→0} - (U_0 - U_2) = T_0(S_0 - S_2) - (U_0 - U_2) \\
&= T_0(S_{T0} - S_T) - (U_{T0} - U_{T0}) \\
&= T_0(S_{T0} - S_T)
\end{aligned} \quad (4.9)
$$

式中　W_B——第二可逆子过程 B 所做的功;

$Q_{2\to0}$——第二可逆子过程 B 中的吸热;

U_2——气体在中间状态点 2 时的热力学内能;

U_0——气体在标准环境状态点 0 时的热力学内能;

S_2——气体在中间状态点 2 时的熵;

S_0——气体在标准环境状态点 0 时的熵;

S_{T0}——气体在 T_0 时的熵;

S_T——气体在 T 时的熵。

气体从起始状态 1 点经可逆过程后达到标准环境状态 0 点所做的最大有用功(第一、二可逆子过程的有用功之和,减去膨胀空气做的功)为

$$W = W_A + W_B - p_0(V_0 - V) = (U_T - U_{T0}) + T_0(S_{T0} - S_T) - p_0(V_0 - V)$$
$$= (U_T - U_{T0}) - T_0(S_T - S_{T0}) + P_0(V - V_0) \tag{4.10}$$

式中　W——起始状态 1 点经可逆过程后达到标准环境状态 0 点所做的最大有用功;

　　　V_0——标准环境状态时的体积;

　　　V——起始状态时的体积。

当化学反应在 T_0 完成时,闭口系统的氧弹内有生物质燃烧反应的产物(例如 CO_2 等),其与环境压力有一定的差别,因此,又有一个修正项,Ex_{M-p}。Ex_{M-p} 定义为产物由状态点 (p, T_0) 经可逆定温过程扩散至标准环境状态(p_0, T_0) 时所做的最大有用功。

依据式(4.10),Ex_{M-p} 可以表示为

$$Ex_{M-p} = \sum_k \left[-T_0(S_k - S_0) + p_0(V - V_0) \right] \tag{4.11}$$

式中　Ex_{M-p}——产物扩散至标准环境状态时所做的最大有用功;

　　　k——产物 k(不包含氧气);

　　　S_k——产物 k 的熵;

　　　V——反应器的容积。

进一步有

$$Ex_{M-P} = \sum_k \left[n_k R T_0 \left(\ln \frac{p_k}{p_0} + \frac{p_0}{p_k} - 1 \right) \right] \tag{4.12}$$

式中　p_k——产物 k 的分压力。

4.2.3　生物质化学㶲的修正式

结合式(3.15)和式(4.12),生物质化学㶲的修正式为

$$Ex = n_{O_2} RT_0 \ln \frac{p_{O_2}^0}{p_0} - \Delta G^{\ominus} + \sum_i m_i Ex_i - RT_0 \sum_k n_k \ln y_k^0 + Ex_{M-P}$$

$$(4.13)$$

即

$$Ex = n_{O_2} RT_0 \ln \frac{p_{O_2}^0}{p_0} - \Delta G^{\ominus} + \sum_i m_i Ex_i - RT_0 \sum_k n_k \ln y_k^0 +$$

$$\sum_k \left[n_k RT_0 \left(\ln \frac{p_k}{p_0} + \frac{p_0}{p_k} - 1 \right) \right]$$

$$(4.14)$$

结合式(4.7)，生物质燃料的化学㶲可以表示为

$$Ex = n_{O_2} RT_0 \ln \frac{p_{O_2}^0}{p_0} - (RT_0 \Delta n + Q_V^0 - T_0 \Delta S^{\ominus}) + \sum_i m_i Ex_i - RT_0 \sum_k n_k \ln y_k^0 +$$

$$\sum_k \left[n_k RT_0 \left(\ln \frac{p_k}{p_0} + \frac{p_0}{p_k} - 1 \right) \right]$$

$$(4.15)$$

4.3　石墨的化学㶲

石墨是分子式最简单的燃料之一，其热值和化学㶲均为已知值(高位热值为 32.76 MJ/kg，标准化学㶲为 34.16 MJ/kg)，因此，本节选其作为检验多过程热力学模型精度的对象。

试验选用的石墨粉的纯度≥99.9%，氧气纯度≥99.99%，结合氧弹量热仪特点，试验用石墨粉质量的参考值为 0.15 g、0.2 g、0.25 g、0.3 g、0.35 g、0.4 g、0.45 g 和 0.5 g，氧弹内压力的参考值为 1.0 MPa、1.5 MPa、2.0 MPa、2.5 MPa 和 3.0 MPa。基于以上组合，开展了 40 次试验，试验工况及测定热值见表 4.1。

表 4.1　石墨试验工况及测定热值

试验序号	质量/g	压力/MPa	测定热值/(MJ·kg⁻¹)
1	0.152	1.0	32.55
2	0.153	1.5	32.68
3	0.148	2.0	32.71
4	0.156	2.5	32.67
5	0.150	3.0	32.65
6	0.196	1.0	32.53

续表4.1

试验序号	质量/g	压力/MPa	测定热值/(MJ·kg⁻¹)
7	0.211	1.5	32.57
8	0.204	2.0	32.64
9	0.202	2.5	32.68
10	0.211	3.0	32.74
11	0.254	1.0	31.54
12	0.254	1.5	32.75
13	0.253	2.0	32.49
14	0.257	2.5	32.61
15	0.248	3.0	32.58
16	0.309	1.0	31.24
17	0.295	1.5	32.13
18	0.304	2.0	32.44
19	0.306	2.5	32.43
20	0.298	3.0	32.41
21	0.348	1.0	31.25
22	0.352	1.5	32.16
23	0.352	2.0	32.57
24	0.356	2.5	32.57
25	0.351	3.0	32.53
26	0.398	1.0	31.22
27	0.397	1.5	32.28
28	0.402	2.0	32.70
29	0.394	2.5	32.71
30	0.396	3.0	32.85
31	0.447	1.0	30.99
32	0.449	1.5	31.97
33	0.450	2.0	32.48
34	0.443	2.5	32.60

续表4.1

试验序号	质量/g	压力/MPa	测定热值/(MJ·kg⁻¹)
35	0.456	3.0	32.49
36	0.493	1.0	31.08
37	0.493	1.5	32.04
38	0.492	2.0	32.53
39	0.500	2.5	32.64
40	0.493	3.0	32.57

当石墨质量在 0.15～0.5 g、压力在 1.0～3.0 MPa 变化时,试验测定的热值在 30.99～32.85 MJ/kg 之间变化。在石墨质量为 0.447 g、压力为 1.0 MPa 时,测定热值最小,为 30.99 MJ/kg;在石墨质量为 0.396 g、压力为 3.0 MPa 时,测定热值最大,为 32.85 MJ/kg;相应的误差分别为 -5.40% 和 0.27%。

图 4.2 所示为石墨测定热值的相对误差。40 种试验工况下测定热值相对误差的绝对值小于 5.40%;70% 相对误差的绝对值在 1% 以内,其余 30% 的相对误差在 -5.40%～-1.06% 之间变化。

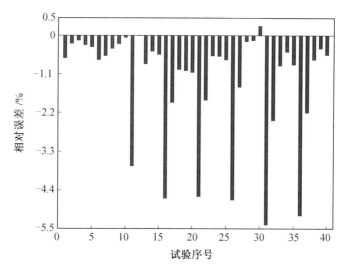

图 4.2　石墨测定热值的相对误差

当氧弹内的压力小于 2.0 MPa 时,石墨不能完全燃烧。氧弹中的压力为 2.0～2.5 MPa时,石墨燃烧较为完全,其相对误差在 -1.01%～-0.15%。当质量为 0.254 g、压力为 1.5 MPa 时,测定热值相对误差的绝对值最小,此时相对误差为 -0.02%。

在以上试验数据的基础上,计算得到石墨的分离㶲、反应㶲、扩散㶲及化学㶲,见表 4.2。

表 4.2　石墨的计算化学㶲　　　　　　　　　　　　　　MJ/kg

试验序号	氧气分离㶲	化学反应㶲	产物扩散㶲	计算化学㶲
1	-2.39	32.59	3.72	33.92
2	-3.57	32.73	4.89	34.05
3	-4.92	32.75	6.24	34.08
4	-5.83	32.71	7.16	34.04
5	-7.27	32.69	8.60	34.02
6	-2.23	32.57	3.55	33.90
7	-2.59	32.61	3.91	33.94
8	-3.57	32.68	4.89	34.01
9	-4.50	32.72	5.83	34.05
10	-5.17	32.78	6.50	34.11
11	-1.43	31.58	2.76	32.91
12	-2.15	32.80	3.47	34.12
13	-2.88	32.54	4.20	33.86
14	-3.54	32.65	4.86	33.98
15	-4.40	32.62	5.73	33.95
16	-1.18	31.28	2.50	32.61
17	-1.85	32.18	3.18	33.50
18	-2.39	32.48	3.72	33.81
19	-3.09	32.47	4.42	33.80
20	-3.66	32.46	4.99	33.78
21	-1.05	31.30	2.37	32.62
22	-1.55	32.20	2.88	33.52
23	-2.07	32.61	3.39	33.94

续表4.2

试验序号	氧气分离㶲	化学反应㶲	产物扩散㶲	计算化学㶲
24	−2.55	32.61	3.88	33.93
25	−3.11	32.57	4.44	33.90
26	−0.91	31.27	2.24	32.59
27	−1.37	32.32	2.70	33.65
28	−1.81	32.75	3.14	34.07
29	−2.31	32.75	3.63	34.08
30	−2.76	32.89	4.08	34.22
31	−0.81	31.04	2.14	32.36
32	−1.22	32.01	2.54	33.34
33	−1.62	32.52	2.94	33.85
34	−2.05	32.65	3.38	33.97
35	−2.39	32.53	3.72	33.85
36	−0.74	31.12	2.06	32.45
37	−1.11	32.08	2.43	33.41
38	−1.48	32.57	2.80	33.90
39	−1.82	32.68	3.15	34.01
40	−2.21	32.62	3.54	33.94

计算的石墨的分离㶲在 −7.27～−0.74 MJ/kg 之间变化,石墨质量为 0.493 g、压力为 1.0 MPa 时,达到最大值(−0.74 MJ/kg);石墨质量为 0.15 g、压力为 3.0 MPa 时,达到最小值(−7.27 MJ/kg)。

计算的石墨的反应㶲在 31.04～32.89 MJ/kg 之间变化,石墨质量为 0.447 g、压力为 1.0 MPa 时,达到最小值(31.04 MJ/kg);石墨质量为 0.396 g、压力为 3.0 MPa 时,达到最大值(32.89 MJ/kg)。

计算的石墨的扩散㶲在 2.06～8.60 MJ/kg 之间变化,石墨质量为 0.493 g、压力为 1.0 MPa 时,达到最小值(2.06 MJ/kg);石墨质量为 0.15 g、压力为 3.0 MPa时,达到最大值(8.60 MJ/kg)。

计算的石墨的化学㶲在 32.36～34.22 MJ/kg 之间变化,石墨质量为

0.447 g、压力为 1.0 MPa 时,计算值最小,为 32.36 MJ/kg;石墨质量为 0.396 g、压力为 3.0 MPa 时,计算值最大,为 34.22 MJ/kg。

图 4.3 所示为石墨化学㶲计算值的相对误差。40 种试验工况下石墨化学㶲计算值的相对误差在−5.25%～0.18%之间。

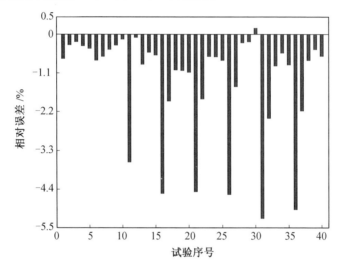

图 4.3　石墨化学㶲计算值的相对误差

石墨化学㶲计算值的误差主要来源于其测定热值的误差。图 4.4 所示为 40 种工况下石墨测定热值和计算化学㶲的相对误差,表 4.3 所示为测定热值相对误差和计算化学㶲相对误差之差。由图和表可见,40 种工况下石墨测定热值和计算化学㶲的相对误差(分别为−5.40%～0.27%和−5.25%～0.18%)有很好的同步性,相对误差之差在−0.09%～0.15%之间。石墨计算化学㶲相对误差为−0.10%时,其绝对值最小,此时,石墨的质量和压力分别为 0.254 g 和 1.5 MPa,测定热值相对误差的绝对值也最小,为−0.02%。

表 4.3　石墨测定热值相对误差和计算化学㶲相对误差之差　　　　　　　　%

试验序号	热值相对误差	化学㶲相对误差	相对误差之差
1	−0.65	−0.70	−0.05
2	−0.24	−0.31	−0.07
3	−0.15	−0.22	−0.07
4	−0.28	−0.34	−0.06
5	−0.34	−0.41	−0.07

续表4.3

试验序号	热值相对误差	化学㶲相对误差	相对误差之差
6	-0.70	-0.75	-0.05
7	-0.59	-0.64	-0.05
8	-0.38	-0.44	-0.06
9	-0.25	-0.32	-0.07
10	-0.07	-0.15	-0.08
11	-3.73	-3.65	0.08
12	-0.02	-0.10	-0.08
13	-0.82	-0.86	-0.04
14	-0.46	-0.52	-0.06
15	-0.55	-0.60	-0.05
16	-4.65	-4.54	0.11
17	-1.92	-1.91	0.01
18	-0.98	-1.02	-0.04
19	-1.01	-1.04	-0.03
20	-1.06	-1.09	-0.03
21	-4.60	-4.49	0.11
22	-1.85	-1.85	0.00
23	-0.59	-0.64	-0.05
24	-0.60	-0.65	-0.05
25	-0.70	-0.75	-0.05
26	-4.69	-4.57	0.12
27	-1.48	-1.50	-0.02
28	-0.18	-0.25	-0.07
29	-0.15	-0.22	-0.07
30	0.27	0.18	-0.09
31	-5.40	-5.25	0.15

续表4.3

试验序号	热值相对误差	化学㶲相对误差	相对误差之差
32	−2.43	−2.40	0.03
33	−0.87	−0.91	−0.04
34	−0.48	−0.54	−0.06
35	−0.84	−0.88	−0.04
36	−5.14	−5.00	0.14
37	−2.21	−2.19	0.02
38	−0.70	−0.75	−0.05
39	−0.38	−0.44	−0.06
40	−0.57	−0.63	−0.06

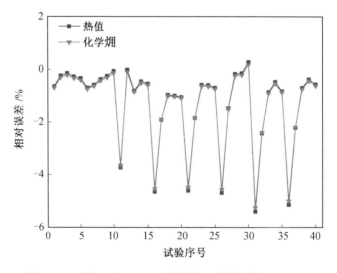

图4.4 40种工况下石墨测定热值和计算化学㶲的相对误差

4.4 苯甲酸的化学㶲

苯甲酸是使用氧弹量热仪测定燃料热值所采用的标定物质,其热值和化学㶲均为已知值(高位热值为 26.47 MJ/kg,标准化学㶲为 27.38 MJ/kg),因此,苯甲酸也被作为热力学模型检验的对象。

　　试验选用的苯甲酸的纯度≥99.99％,氧气纯度≥99.99％。结合氧弹量热仪的特点,试验用苯甲酸质量的参考值为 0.5 g、0.6 g、0.7 g、0.8 g、0.9 g 和 1.0 g,氧弹内压力的参考值为 1.0 MPa、1.5 MPa、2.0 MPa、2.5 MPa 和 3.0 MPa。基于以上组合,开展了 30 次试验,试验工况及测定热值见表 4.4。

表 4.4　苯甲酸试验工况及测定热值

试验序号	质量/g	压力/MPa	测定热值/(MJ·kg^{-1})
1	1.000	1.0	26.12
2	1.008	1.5	26.43
3	1.005	2.0	26.49
4	1.001	2.5	26.48
5	1.007	3.0	26.47
6	0.906	1.0	26.19
7	0.905	1.5	26.21
8	0.903	2.0	26.44
9	0.884	2.5	26.44
10	0.910	3.0	26.22
11	0.799	1.0	26.13
12	0.794	1.5	26.49
13	0.804	2.0	26.47
14	0.801	2.5	26.47
15	0.799	3.0	26.48
16	0.700	1.0	26.42
17	0.689	1.5	26.42
18	0.693	2.0	26.47
19	0.705	2.5	26.42
20	0.708	3.0	26.20
21	0.600	1.0	26.42
22	0.599	1.5	26.44
23	0.597	2.0	26.42
24	0.598	2.5	26.44

续表4.4

试验序号	质量/g	压力/MPa	测定热值/(MJ·kg⁻¹)
25	0.593	3.0	26.40
26	0.488	1.0	26.41
27	0.502	1.5	26.44
28	0.500	2.0	26.44
29	0.501	2.5	26.44
30	0.504	3.0	26.41

当苯甲酸质量在 0.5~1.0 g、压力在 1.0~3.0 MPa 变化时,测定热值在 26.12~26.49 MJ/kg 之间变化。在苯甲酸质量为 1.0 g、压力为 1.0 MPa 时,测定热值最小,为 26.12 MJ/kg;在苯甲酸质量为 1.005 g、压力为 2.0 MPa 时,测定热值最大,为 26.49 MJ/kg;相应的误差分别为 -1.32% 和 0.09%。

图 4.5 所示为苯甲酸测定热值的相对误差。30 种试验工况下测定热值相对误差的绝对值小于 1.32%,87% 相对误差的绝对值在 1% 以内,其余 13% 的相对误差在 -1.32%~-1.03% 之间变化。在以下三种工况时测定热值相对误差的绝对值最小,为 0:①质量为 1.007 g、压力为 3.0 MPa;②质量为 0.804 g、压力为 2.0 MPa;③质量为 0.693 g、压力为 2.0 MPa。

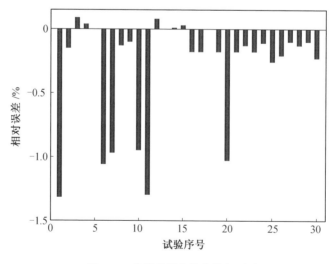

图 4.5 苯甲酸测定热值的相对误差

在以上试验数据的基础上,计算得到苯甲酸的分离㶲、反应㶲、扩散㶲及化学㶲,见表 4.5。

表 4.5　苯甲酸的计算化学㶲　　　　　　　　　　　MJ/kg

试验序号	氧气分离㶲	化学反应㶲	产物扩散㶲	计算化学㶲
1	−0.36	26.12	1.28	27.04
2	−0.54	26.43	1.46	27.35
3	−0.72	26.49	1.64	27.41
4	−0.91	26.48	1.83	27.39
5	−1.08	26.46	2.00	27.38
6	−0.40	26.19	1.32	27.11
7	−0.60	26.21	1.52	27.13
8	−0.81	26.43	1.72	27.35
9	−1.03	26.44	1.95	27.36
10	−1.20	26.21	2.12	27.13
11	−0.46	26.13	1.37	27.05
12	−0.69	26.49	1.61	27.41
13	−0.90	26.46	1.82	27.38
14	−1.14	26.47	2.05	27.39
15	−1.37	26.47	2.28	27.39
16	−0.52	26.43	1.44	27.35
17	−0.79	26.42	1.71	27.34
18	−1.05	26.46	1.97	27.38
19	−1.29	26.42	2.21	27.34
20	−1.54	26.19	2.46	27.11
21	−0.61	26.43	1.53	27.35
22	−0.91	26.43	1.83	27.35
23	−1.22	26.42	2.14	27.34
24	−1.52	26.44	2.44	27.36
25	−1.84	26.39	2.76	27.31

续表4.5

试验序号	氧气分离㶲	化学反应㶲	产物扩散㶲	计算化学㶲
26	−0.75	26.42	1.66	27.34
27	−1.09	26.44	2.01	27.36
28	−1.45	26.43	2.37	27.35
29	−1.81	26.44	2.73	27.36
30	−2.16	26.40	3.08	27.32

计算的苯甲酸的分离㶲在−2.16～−0.36 MJ/kg 之间变化,苯甲酸质量为1.00 g、压力为 1.0 MPa 时,达到最大值(−0.36 MJ/kg);苯甲酸质量为0.504 g、压力为 3.0 MPa 时,达到最小值(−2.16 MJ/kg)。

计算的苯甲酸的反应㶲在 26.12～26.49 MJ/kg 之间变化,苯甲酸质量为1.00 g、压力为 1.0 MPa 时,达到最小值(26.12 MJ/kg);苯甲酸质量为 1.005 g、压力为 2.0 MPa 以及质量为 0.794 g、压力为 1.5 MPa 时,达到最大值(26.49 MJ/kg)。

计算的苯甲酸的扩散㶲在 1.28～3.08 MJ/kg 之间变化,苯甲酸质量为1.00 g、压力为 1.0 MPa 时,达到最小值(1.28 MJ/kg);苯甲酸质量为 0.504 g、压力为 3.0 MPa 时,达到最大值(3.08 MJ/kg)。

计算的苯甲酸的化学㶲在 27.04～27.41 MJ/kg 之间变化,苯甲酸质量为1.00 g、压力为 1.0 MPa 时,计算值最小,为 27.04 MJ/kg;苯甲酸质量为 1.005 g、压力为 2.0 MPa 以及质量为 0.794 g、压力为 1.5 MPa 时,计算值最大,为27.41 MJ/kg;相应的误差分别为−1.22%和0.12%。

图 4.6 所示为苯甲酸化学㶲计算值的相对误差。30 种试验工况下苯甲酸化学㶲计算值的相对误差在−1.22%～0.12%之间。

同样,苯甲酸化学㶲计算值的误差主要来源于其测定热值的误差。图 4.7 所示为 30 种工况下苯甲酸测定热值和计算化学㶲的相对误差,表 4.6 所示为苯甲酸测定热值相对误差和计算化学㶲相对误差之差。由图和表可见,30 种工况下苯甲酸测定热值和计算化学㶲的相对误差(分别为−1.32%～0.09%和−1.22%～0.12%)有很好的同步性,相对误差之差在 0.01%～0.10%之间。苯甲酸计算化学㶲相对误差为 0.01%时,其相对误差的绝对值最小,此时,苯甲酸的质量和压力分别为1.007 g 和 3.0 MPa,测定热值相对误差的绝对值也最小,为 0。

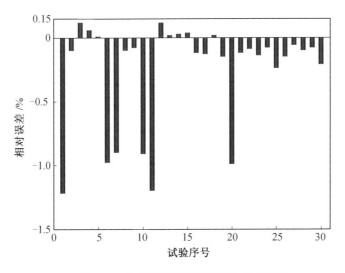

图 4.6　苯甲酸化学㶲计算值的相对误差

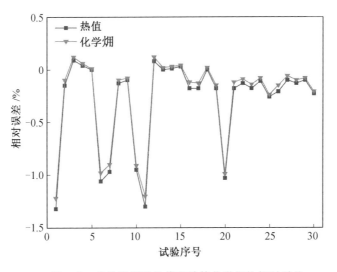

图 4.7　苯甲酸测定热值和计算化学㶲的相对误差

表 4.6　苯甲酸测定热值相对误差和计算化学㶲相对误差之差　　　　　　%

试验序号	热值相对误差	化学㶲相对误差	相对误差之差
1	−1.32	−1.22	0.10
2	−0.15	−0.10	0.05
3	0.09	0.12	0.03

续表4.6

试验序号	热值相对误差	化学㶲相对误差	相对误差之差
4	0.04	0.06	0.02
5	0.00	0.01	0.01
6	−1.06	−0.98	0.08
7	−0.97	−0.90	0.07
8	−0.13	−0.10	0.03
9	−0.10	−0.08	0.02
10	−0.95	−0.91	0.04
11	−1.30	−1.20	0.10
12	0.08	0.12	0.04
13	0.00	0.02	0.02
14	0.01	0.03	0.02
15	0.03	0.04	0.01
16	−0.18	−0.12	0.06
17	−0.18	−0.13	0.05
18	0.00	0.02	0.02
19	−0.18	−0.15	0.03
20	−1.03	−0.99	0.04
21	−0.18	−0.12	0.06
22	−0.13	−0.09	0.04
23	−0.18	−0.14	0.04
24	−0.11	−0.08	0.03
25	−0.26	−0.24	0.02
26	−0.21	−0.15	0.06
27	−0.10	−0.06	0.04
28	−0.13	−0.10	0.03
29	−0.10	−0.08	0.02
30	−0.23	−0.21	0.02

4.5　本章小结

　　本章首先基于广泛应用于测量生物质燃料热值的氧弹量热仪系统,修正了生物质燃料化学㶲的计算式。在此基础上,结合石墨和苯甲酸热值测定的试验值,计算了其化学㶲的数值及相对误差。

　　40 种试验工况下石墨的测定热值在 30.99～32.85 MJ/kg 之间变化,相对误差在 -5.40%～0.27% 之间变化;计算的化学㶲在 32.36～34.22 MJ/kg 之间变化,相对误差在 -5.25%～0.18% 之间变化。石墨化学㶲计算值的误差主要来源于其测定热值的误差,石墨的质量和压力分别为 0.254 g 和 1.5 MPa 时,测定热值相对误差的绝对值最小,为 -0.02%;计算化学㶲相对误差的绝对值也最小,为 -0.10%。

　　30 种试验工况下苯甲酸的测定热值在 26.12～26.49 MJ/kg 之间变化,相对误差在 -1.32%～0.09% 之间变化;计算的化学㶲在 27.04～27.41 MJ/kg 之间变化,相对误差在 -1.22%～0.12% 之间变化。苯甲酸化学㶲计算值的误差主要来源于其测定热值的误差,苯甲酸的质量和压力分别为 1.007 g 和 3.0 MPa 时,测定热值相对误差的绝对值最小,为 0;计算化学㶲相对误差的绝对值也最小,为 0.01%。

本章参考文献

[1] 严家騄,王永青,张亚宁. 工程热力学[M]. 6 版. 北京:高等教育出版社,2021.

[2] 刘丙旭. 固体燃料的多过程㶲特性研究[D]. 哈尔滨:哈尔滨工业大学,2019.

第 5 章

木质生物质燃料的化学㶲

木质生物质广泛来源于森林、山地、林区、牧场等的木质资源,主要包括原木、锯木、燃木/薪材、工业圆材、纸浆木材、木屑/颗粒、木材残余物等。世界木质生物质燃料的产量巨大,能量巨大,能为人类经济发展、社会进步做出重要贡献。本章基于 64 种木质生物质燃料的水分、灰分成分、元素成分、热值等基本特性,详细研究木质生物质燃料的氧气分离㶲、化学反应㶲、产物扩散㶲和化学㶲(总㶲)等多过程化学㶲特性,并通过计算氧气分离㶲、化学反应㶲和产物扩散㶲占化学㶲的比例来研究木质生物质燃料化学㶲的分布特性。在此基础上,提出基于低位热值和高位热值估算木质生物质燃料化学㶲的新经验公式,并研究相对误差,以分析新经验公式的精度。

5.1　概　　述

　　木质生物质可以广泛地定义为来源于森林、山地、林区、牧场等的木质资源，主要包括原木、锯木、燃木/薪材、工业圆材、纸浆木材、木屑/颗粒、木材残余物等。

　　木质生物质有广泛的用途，例如雪松、红杉等木材用于建筑房屋，黑胡桃、柚木、楠木等木材用于制造家具，阿琼木、柏木、红木、白橡、杉木等木材用于制造船只，榆树、桦树、水曲柳等木材用于制造桥梁、木桩、枕木等，桃花心木、枫木、白蜡等木材用于制造乐器，蝴蝶树、海漆、木果楝等木材用于制作文具，鱼鳞云杉、沙松云杉、臭冷杉、红松、落叶松、马尾松、杨树、桦树和椴树等木材用于造纸，香樟木等木材用于制作香料或药材。以上各种木质生物质可以用作燃料、复合板建材原料、木质素纤维原料、活性炭吸附剂材料原料、有机肥原料、土壤改良剂原料等。

　　图 5.1 所示为 2001—2020 年世界主要木质生物质的产量，燃木/薪材、原木、纸浆木材、锯木、木屑/颗粒、工业圆材、木材残余物等生物质产量分别在 1.80～1.95 Gm³、0.87～1.18 Gm³、0.49～0.73 Gm³、0.34～0.49 Gm³、0.23～0.28 Gm³、0.13～0.18 Gm³、0.10～0.24 Gm³ 之间波动，总产量在 4.11～5.02 Gm³ 之间波动。如果再加上原木在 3.6 Gm³ 左右，世界主要木质生物质的产量在 8.6 Gm³ 左右。如果木质生物质平均密度为 0.45 t/m³，热值为 16 GJ/t，以上世界主要木质生物质能提供的能量为 62 EJ，相当于世界可再生一次能源消耗（约 71 EJ/年）的 87%。

　　㶲分析已广泛应用于木质生物质能量特性、干燥过程、燃烧系统、气化系统、热解系统、热电联供系统等的深入分析。木质生物质燃料的化学㶲是对木质生物质燃料的能量特性、干燥过程、燃烧系统、气化系统、热解系统、热电联供系统等进行㶲分析的基础。因此，本章开展木质生物质燃料化学㶲的深入研究。

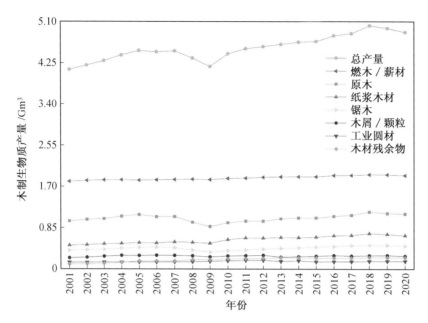

图 5.1   2001—2020 年世界主要木质生物质的产量

5.2   木质生物质燃料的基本特性

木质生物质燃料的基本特性主要包括水分、粒径、孔隙率等物理特性和元素成分、灰分成分、热值等化学特性。木质生物质燃料的水分、灰分成分、元素成分、热值等基本特性是计算木质生物质燃料化学㶲的基础,因此在本节中做详细介绍。

5.2.1   木质生物质燃料样品的基本信息

本章选用了 64 种木质生物质燃料,其编号、名称、产地等基本信息见表 5.1。64 种木质生物质燃料主要包括松树(11 种)、柳树(10 种)、杨树(5 种)、橡树(3种)等树木的废弃物。

表 5.1　64 种木质生物质燃料的基本信息

编号	名称	产地
1	松树	瑞典
2	松树	芬兰
3	松树	芬兰
4	松树	芬兰
5	松树	芬兰
6	松树	美国
7	松树	美国
8	松树	美国
9	松树	加拿大
10	松树	德国
11	松树	N
12	云杉	瑞典
13	云杉	芬兰
14	冷杉	美国
15	冷杉	N
16	针叶树	瑞典
17	芒草	希腊
18	刺棘蓟	希腊
19	金雀花	西班牙
20	雪松	N
21	圣诞树	N
22	柳树	芬兰
23	柳树	希腊
24	柳树	N
25	柳树	N
26	柳树	N

续表5.1

编号	名称	产地
27	柳树	N
28	柳树	N
29	柳树	N
30	柳树	N
31	柳树	N
32	杨树	希腊
33	杨树	美国
34	杨树	西班牙
35	杨树	N
36	杨树	N
37	橡树	西班牙
38	橡树	N
39	橡树	N
40	桉树	美国
41	桉树	N
42	柑橘类	希腊
43	橄榄	希腊
44	泡桐	希腊
45	胡椒	芬兰
46	柳树	瑞典
47	荆豆	西班牙
48	木材	西班牙
49	木材	瑞典
50	木材	西班牙
51	木材	荷兰
52	木材	美国

续表5.1

编号	名称	产地
53	木材	N
54	拆除物	芬兰
55	拆除物	德国
56	拆除物	N
57	公园垃圾	荷兰
58	公园垃圾	荷兰
59	森林残留物	瑞典
60	森林残留物	N
61	堆肥	荷兰
62	画材	荷兰
63	木材废料	瑞典
64	家具废料	N

注:N 表示未知。

5.2.2　木质生物质燃料的水分

　　64 种木质生物质燃料的水分和灰分质量分数(收到基数据)见表 5.2。64 种木质生物质燃料的水分质量分数在0.00%～63%之间。

　　生物质燃料的水分主要受燃料种类、存储方式、存储时间、加工方式、加工过程、测定方法、测定条件等因素影响。

表 5.2　64 种木质生物质燃料的水分和灰分质量分数(收到基数据) 　　%

编号	水分	灰分
1	0.00	0.40
2	3.87	0.58
3	4.74	1.64
4	5.00	1.52
5	6.00	0.09
6	0.00	0.22

续表5.2

编号	水分	灰分
7	40.00	1.30
8	50.00	1.50
9	5.80	1.50
10	20.00	1.87
11	0.00	2.90
12	0.00	0.60
13	5.25	2.22
14	9.53	0.45
15	63.00	0.15
16	4.60	1.09
17	6.48	5.91
18	12.00	11.37
19	59.20	0.56
20	12.40	0.90
21	37.81	3.24
22	2.39	1.15
23	6.25	1.78
24	7.21	2.17
25	9.71	1.08
26	9.98	1.54
27	10.23	0.85
28	11.06	0.94
29	11.49	1.33
30	12.68	1.48
31	13.58	0.95
32	2.66	1.64

续表5.2

编号	水分	灰分
33	4.80	1.16
34	18.60	2.77
35	6.74	1.49
36	6.89	2.51
37	4.70	3.54
38	0.00	5.30
39	11.45	0.27
40	9.34	0.48
41	12.00	4.22
42	0.00	2.80
43	0.00	1.50
44	8.15	0.85
45	9.30	18.05
46	11.40	1.68
47	46.70	0.83
48	8.50	0.68
49	8.70	0.46
50	13.22	14.02
51	15.10	2.46
52	34.93	0.69
53	32.70	0.54
54	9.70	1.49
55	11.60	3.53
56	9.01	11.94
57	5.15	3.06
58	14.80	15.58

续表5.2

编号	水分	灰分
59	29.60	0.84
60	48.91	2.03
61	9.90	29.73
62	10.10	1.87
63	33.10	0.54
64	12.07	3.17

5.2.3 木质生物质燃料的灰分

64 种木质生物质燃料的灰分质量分数(收到基数据)见表5.2。64 种木质生物质燃料的灰分质量分数在 0.09%～29.73% 之间。

生物质燃料的灰分主要由燃料本身决定,水分对灰分的收到基数据也有一定影响。通常,生物质燃料的水分质量分数越高,其灰分质量分数就越低。例如第 15 号样品水分质量分数最高(63.00%),其灰分质量分数较低(0.15%)。

木质生物质燃料的灰分主要含有 Al_2O_3、CaO、Fe_2O_3、K_2O、MgO、MnO、Na_2O、P_2O_5、SO_3、SiO_2、TiO_2 等氧化物。64 种木质生物质燃料灰分成分见表 5.3。生物质燃料灰分成分的质量摩尔浓度,主要受生物质种类和产地影响,收到基数据还受水分影响。64 种木质生物质燃料灰分的主要成分为 SiO_2(0～22.657 mol/kg)、CaO(1.427～11.501 mol/kg)、MgO(0.288～11.382 mol/kg)、K_2O(0～4.958 mol/kg)、Na_2O(0～3.792 mol/kg)、P_2O_5(0～2.051 mol/kg)、Al_2O_3(0.009～1.754 mol/kg)、SO_3(0～1.681 mol/kg)等,还有少量的 Fe_2O_3(0～0.985 mol/kg)、MnO(0～0.510 mol/kg)和 TiO_2(0～0.498 mol/kg)。

表 5.3 64 种木质生物质燃料的灰分成分　　　　mol/kg

编号	Al_2O_3	CaO	Fe_2O_3	K_2O	MgO	MnO	Na_2O	P_2O_5	SO_3	SiO_2	TiO_2
1	0.171	4.884	0.098	1.381	1.645	0.510	0.158	0.226	—	1.468	—
2	0.500	5.988	0.134	1.279	1.275	—	0.031	0.339	0.202	3.916	0.008
3	0.519	7.236	0.019	0.806	1.111	—	0.071	0.339	0.256	0.213	0.010
4	0.520	7.240	0.019	0.807	1.116	—	0.065	—	—	0.216	0.010
5	0.206	7.489	0.119	1.306	2.927	—	0.039	—	—	1.381	0.015

续表5.3

编号	Al$_2$O$_3$	CaO	Fe$_2$O$_3$	K$_2$O	MgO	MnO	Na$_2$O	P$_2$O$_5$	SO$_3$	SiO$_2$	TiO$_2$
6	0.090	8.786	0.096	1.065	3.356	—	0.207	0.199	1.681	1.024	0.150
7	0.618	9.201	0.313	0.435	1.364	—	—	—	—	2.663	—
8	1.373	4.547	0.188	0.637	1.612	—	0.210	—	—	6.491	—
9	0.920	3.761	0.469	—	1.412	—	—	0.440	—	—	—
10	0.334	4.022	0.332	0.664	0.862	0.128	0.165	0.133	0.210	3.868	0.040
11	1.373	4.547	0.188	0.637	1.612	—	0.210	—	0.037	6.491	0.025
12	0.639	4.574	0.304	1.266	1.536	0.504	0.181	0.323	—	2.053	—
13	0.106	6.986	0.009	0.806	1.275	—	0.053	0.290	0.121	0.250	0.005
14	0.278	6.612	0.266	1.805	1.454	—	0.510	0.131	1.399	2.040	—
15	0.388	2.122	0.412	0.743	1.139	—	3.792	0.202	0.366	2.525	0.034
16	1.754	2.682	0.376	0.240	1.037	—	0.198	0.097	1.122	5.486	0.113
17	0.536	1.484	0.165	1.486	0.784	—	0.086	0.237	—	10.354	0.040
18	0.343	6.835	0.111	2.644	1.424	—	2.110	0.298	—	1.388	0.013
19	0.196	1.427	0.119	1.964	5.458	—	1.872	1.360	—	2.763	0.013
20	0.853	4.101	0.388	0.796	1.216	—	1.016	0.063	0.225	6.191	0.038
21	1.446	1.694	0.582	0.834	0.625	—	0.086	0.169	1.419	6.472	0.045
22	0.029	5.489	0.012	2.813	1.275	—	0.039	0.807	0.375	0.072	0.003
23	0.066	9.996	0.029	2.580	1.263	—	0.087	0.785	—	0.283	0.004
24	0.193	6.095	0.022	1.953	0.739	—	0.431	0.500	0.365	0.341	0.004
25	0.012	6.510	0.026	2.112	0.382	—	0.318	0.909	0.242	0.471	0.008
26	0.138	7.347	0.046	1.592	0.613	—	0.152	0.521	0.229	0.391	0.006
27	0.136	8.135	0.053	1.401	0.288	—	0.399	0.707	0.144	1.345	0.008
28	0.145	7.967	0.031	1.624	0.536	—	0.139	0.506	0.291	0.303	0.006
29	0.016	5.706	0.019	2.346	1.903	—	0.105	0.823	0.386	0.315	0.005
30	0.009	7.218	0.013	1.476	0.754	—	0.124	0.575	0.212	0.185	—
31	0.295	6.216	0.053	1.295	0.610	—	0.492	0.730	0.212	2.789	0.009

续表5.3

编号	Al₂O₃	CaO	Fe₂O₃	K₂O	MgO	MnO	Na₂O	P₂O₅	SO₃	SiO₂	TiO₂
32	0.355	8.365	0.111	3.102	1.709	—	0.179	0.234	—	1.163	0.021
33	0.320	8.431	—	2.587	2.873	—	0.016	1.043	—	1.534	—
34	0.033	5.171	0.023	1.698	0.744	—	0.023	0.211	—	0.699	—
35	0.030	7.917	0.036	2.132	1.072	—	0.037	0.011	0.493	0.146	0.020
36	0.082	8.902	0.088	1.023	4.565	—	0.021	0.094	0.255	0.982	0.038
37	1.093	2.810	0.078	1.535	2.967	—	0.105	—	—	0.416	—
38	0.010	11.501	0.207	0.021	0.298	—	1.436	—	0.250	1.847	0.090
39	0.293	1.944	0.184	2.378	1.029	—	0.226	0.094	0.336	3.490	0.034
40	0.772	4.729	—	0.764	1.799	—	0.803	2.051	—	2.967	—
41	0.245	8.310	0.056	0.796	2.183	0.161	0.242	0.134	0.350	1.348	0.013
42	0.078	6.812	0.025	1.221	0.695	—	0.371	0.733	0.350	0.350	—
43	0.157	5.849	0.044	2.112	0.595	0.012	0.468	0.599	1.348	1.348	—
44	0.144	6.869	0.039	4.958	1.459	—	0.084	0.252	—	0.436	0.009
45	0.481	5.742	0.125	2.611	1.836	0.023	0.145	0.366	—	2.097	0.063
46	0.059	6.865	0.025	1.614	0.893	—	0.129	0.655	—	3.778	0.013
47	0.382	2.354	0.207	1.624	2.233	—	1.371	0.909	—	5.592	0.038
48	1.285	9.754	0.187	0.633	1.503	0.031	0.274	0.099	0.562	1.055	0.063
49	0.278	4.490	0.143	1.112	1.357	—	0.176	0.210	—	2.670	—
50	1.515	6.095	0.350	0.208	0.407	—	0.661	0.156	0.403	2.195	0.415
51	0.678	4.219	0.229	0.371	1.363	0.051	0.863	0.067	—	4.669	—
52	0.402	7.124	0.103	1.041	1.201	—	0.363	0.145	0.232	3.944	0.045
53	0.128	5.724	—	1.635	1.439	0.127	0.194	0.451	—	1.215	—
54	0.343	4.904	0.138	1.115	1.861	0.035	0.774	0.782	—	3.395	0.313
55	0.488	2.256	0.128	0.234	11.382	—	0.318	0.046	0.468	3.087	0.498
56	1.525	2.409	0.753	0.227	0.633	—	0.182	0.066	0.306	7.641	0.262
57	0.345	2.784	0.167	0.872	0.612	—	0.330	0.125	—	6.511	—

续表5.3

编号	Al₂O₃	CaO	Fe₂O₃	K₂O	MgO	MnO	Na₂O	P₂O₅	SO₃	SiO₂	TiO₂
58	0.570	2.047	0.176	0.427	0.427	—	0.428	0.062	—	3.894	0.024
59	0.069	5.100	0.025	2.537	1.662	—	0.145	0.817	—	0.461	0.013
60	0.348	8.106	0.099	0.904	1.856	—	0.344	0.524	0.347	2.959	0.063
61	0.315	1.966	0.130	0.306	0.324	0.013	0.191	0.230	—	22.657	0.018
62	0.303	3.838	0.181	0.436	0.653	0.059	0.575	0.054	—	5.134	0.161
63	0.278	3.244	0.985	0.869	0.905	—	0.544	0.097	—	3.453	—
64	1.199	2.477	0.353	0.400	0.814	—	0.381	0.035	0.125	9.590	0.063

5.2.4　木质生物质燃料的元素成分

64 种木质生物质燃料的元素成分(收到基数据)见表 5.4。64 种木质生物质燃料的元素成分主要包括 C、H、O、N、S 等。

64 种木质生物质燃料 C、H、O、N 和 S 等元素成分的质量分数分别为 18.96%～53.40%(C)、2.21%～7.60%(H)、15.58%～44.20%(O)、0.02%～2.10%(N)和 0～0.40%(S)。第 15 种生物质燃料的 C(18.96%)、H(2.21%)、O(15.58%)和 N(0.02%)等元素的质量分数较低,同时 S 元素质量分数也较低(0.01%),主要是因为其水分质量分数最高(63.00%)(表 5.2)。

综上,64 种木质生物质燃料主要含有 C(18.96%～53.40%)、O(15.58%～44.20%)和 H(2.21%～7.60%),还含有少量的 N(0.02%～2.10%)和 S(0.00%～0.40%)。

表 5.4　64 种木质生物质燃料的元素成分(收到基数据)　　　　　%

编号	C	H	O	N	S
1	50.60	6.10	42.79	0.10	0.01
2	49.80	5.86	39.60	0.29	0.01
3	50.01	5.43	37.77	0.38	0.03
4	51.21	5.51	36.35	0.38	0.03
5	47.94	5.64	40.22	0.09	0.00
6	51.20	6.35	41.98	0.25	0.01

续表5.4

编号	C	H	O	N	S
7	31.34	3.46	23.83	0.06	0.00
8	26.68	2.81	18.92	0.05	0.05
9	45.42	5.93	41.21	0.13	0.01
10	41.32	4.77	31.81	0.16	0.08
11	53.40	5.60	37.89	0.10	0.10
12	49.90	6.00	43.29	0.20	0.01
13	47.28	5.59	39.25	0.38	0.03
14	45.89	5.42	38.44	0.27	0.00
15	18.96	2.21	15.58	0.02	0.01
16	46.53	5.58	41.78	0.43	0.00
17	41.15	4.88	40.14	1.20	0.25
18	43.02	4.96	27.73	0.76	0.17
19	19.93	2.67	16.76	0.84	0.04
20	46.21	5.38	35.03	0.09	0.01
21	32.08	3.47	22.82	0.32	0.25
22	48.51	5.95	41.57	0.39	0.03
23	46.25	5.50	39.23	0.68	0.31
24	45.86	5.47	38.28	0.89	0.12
25	45.41	5.43	37.85	0.45	0.06
26	44.92	5.31	37.63	0.55	0.06
27	44.07	5.29	39.21	0.32	0.03
28	43.54	5.38	38.72	0.32	0.04
29	44.03	5.31	37.17	0.58	0.08
30	42.66	5.27	37.22	0.62	0.05
31	41.43	5.05	38.39	0.54	0.05
32	45.91	5.67	43.36	0.74	0.03

续表5.4

编号	C	H	O	N	S
33	47.05	5.71	41.00	0.22	0.05
34	39.89	5.21	33.13	0.35	0.06
35	47.39	5.49	38.27	0.55	0.02
36	46.72	5.64	37.64	0.56	0.02
37	46.81	7.45	36.95	0.53	0.02
38	49.70	5.40	39.29	0.20	0.10
39	44.24	5.24	38.75	0.03	0.01
40	44.89	5.21	39.87	0.13	0.03
41	41.71	4.84	36.96	0.26	0.00
42	47.00	6.00	43.20	1.00	0.03
43	48.20	5.30	44.20	0.70	0.03
44	45.78	5.20	39.45	0.34	0.24
45	34.38	4.10	31.68	2.10	0.40
46	43.06	5.49	38.36	0.44	0.00
47	26.05	3.46	21.99	0.92	0.05
48	47.21	4.85	38.51	0.20	0.05
49	45.79	5.54	39.43	0.08	0.01
50	37.73	4.51	29.54	0.36	0.04
51	41.47	4.84	34.87	1.19	0.07
52	32.06	3.86	28.17	0.26	0.01
53	34.39	4.24	27.84	0.27	0.02
54	45.69	5.36	36.82	0.86	0.07
55	47.87	7.60	28.77	0.61	0.02
56	42.13	4.90	31.35	0.52	0.11
57	47.04	5.40	39.01	0.24	0.04
58	35.88	3.97	28.76	0.81	0.17

续表5.4

编号	C	H	O	N	S
59	33.93	4.22	31.40	0.49	0.00
60	25.70	2.35	20.41	0.53	0.06
61	30.63	3.78	30.45	0.92	0.13
62	44.86	4.88	37.78	0.40	0.04
63	33.05	4.05	29.07	0.15	0.01
64	43.85	5.20	35.42	0.25	0.03

5.2.5 木质生物质燃料的热值

64 种木质生物质燃料的热值(收到基数据)见表 5.5。64 种木质生物质燃料的高位热值(HHV)和低位热值(LHV)分别为 7.56～24.00 MJ/kg 和 5.53～22.80 MJ/kg。

生物质燃料的热值主要由 C、H 等可燃元素的质量分数决定,其收到基数据还受水分和灰分质量分数的影响。第 15 种生物质燃料有最低的高位热值(7.56 MJ/kg)和最低的低位热值(5.53 MJ/kg),主要是由于其水分的质量分数最高(63.00%,表 5.2)或其 C(18.96%)、H(2.21%)质量分数较低(表 5.4)。第 16 种生物质燃料有最高的高位热值(24.00 MJ/kg)和最高的低位热值(22.80 MJ/kg),因为其水分的质量分数(4.60%,表 5.2)和灰分质量分数(1.09%,表 5.2)较低,同时 C 元素质量分数(46.53%,表 5.4)和 H 元素质量分数(5.58%,表 5.4)较高。

表 5.5 64 种木质生物质燃料的热值(收到基数据)　　　　　MJ/kg

编号	高位热值(HHV)	低位热值(LHV)
1	20.19	18.87
2	20.08	18.71
3	19.96	18.65
4	20.30	18.97
5	19.09	17.71
6	20.86	19.47

续表5.5

编号	高位热值(HHV)	低位热值(LHV)
7	12.18	10.45
8	10.49	8.66
9	18.46	17.03
10	16.05	15.03
11	21.00	19.78
12	19.98	18.67
13	18.79	17.44
14	17.80	16.38
15	7.56	5.53
16	24.00	22.80
17	17.52	16.08
18	15.25	14.05
19	9.08	7.23
20	18.17	16.69
21	13.03	11.35
22	19.28	17.92
23	19.88	18.41
24	18.37	17.00
25	18.25	16.83
26	17.64	16.24
27	17.39	15.99
28	17.22	15.78
29	17.41	15.97
30	17.15	15.69
31	16.73	15.30
32	18.87	17.41

续表5.5

编号	高位热值(HHV)	低位热值(LHV)
33	18.56	17.20
34	15.87	14.73
35	17.66	16.29
36	17.71	16.31
37	18.23	16.49
38	19.47	18.29
39	17.25	15.82
40	17.42	16.06
41	16.28	15.22
42	18.56	16.49
43	19.10	17.20
44	17.98	16.55
45	14.87	13.89
46	17.19	15.71
47	11.32	9.45
48	17.84	16.60
49	18.20	16.78
50	15.46	14.10
51	16.47	15.05
52	12.63	10.93
53	13.59	12.67
54	20.49	19.19
55	17.28	15.34
56	16.75	15.46
57	18.51	17.21
58	13.84	12.61

续表5.5

编号	高位热值(HHV)	低位热值(LHV)
59	12.74	11.10
60	10.30	8.60
61	12.18	11.11
62	17.85	16.54
63	12.83	11.14
64	17.71	16.28

5.3　木质生物质燃料的化学㶲

基于第 4 章中生物质燃料化学㶲的修正式(4.15),本节研究木质生物质燃料的多过程㶲特性。

5.3.1　木质生物质燃料的氧气分离㶲

图 5.2 所示为 64 种木质生物质燃料的氧气分离㶲,具体数值见表 5.6。表 5.6 中的氧气分离㶲数值为负值,表示外界对系统做功。

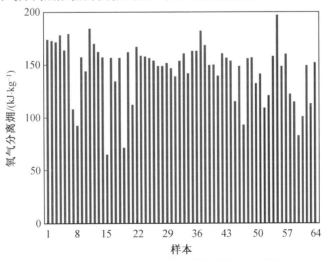

图 5.2　64 种木质生物质燃料的氧气分离㶲

表 5.6　64 种木质生物质燃料的化学㶲

编号	氧气分离㶲 /(kJ·kg^{-1})	化学反应㶲 /(MJ·kg^{-1})	灰分扩散㶲 /(kJ·kg^{-1})	气体扩散㶲 /(kJ·kg^{-1})	产物扩散㶲 /(kJ·kg^{-1})	化学㶲 /(MJ·kg^{-1})
1	−174.11	20.53	5.84	866.38	872.22	21.23
2	−173.05	20.38	9.33	852.24	861.57	21.07
3	−171.77	20.26	25.20	855.83	881.03	20.97
4	−178.27	20.57	20.25	876.06	896.31	21.29
5	−163.97	19.40	1.46	819.28	820.74	20.05
6	−179.56	21.18	4.87	877.59	882.46	21.89
7	−107.99	12.24	18.66	534.57	553.23	12.69
8	−92.34	10.48	18.96	459.37	478.33	10.86
9	−157.32	18.77	13.24	779.87	793.11	19.40
10	−144.05	16.23	19.62	713.65	733.27	16.82
11	−184.56	21.28	36.95	919.31	956.26	22.05
12	−170.20	20.34	9.14	854.44	863.58	21.03
13	−162.53	19.10	30.74	811.35	842.09	19.78
14	−157.24	18.09	9.90	784.52	794.42	18.73
15	−65.06	7.49	3.02	324.89	327.91	7.76
16	−156.80	24.36	13.54	795.99	809.53	25.01
17	−134.50	17.93	67.67	729.00	796.67	18.60
18	−156.68	15.39	314.96	752.06	1067.02	16.30
19	−71.38	9.08	9.98	346.77	356.75	9.37
20	−162.12	18.39	13.26	790.44	803.7	19.03
21	−112.08	13.09	44.50	571.61	616.11	13.60
22	−167.28	19.62	26.42	833.34	859.76	20.31
23	−158.62	20.21	46.45	821.60	868.05	20.92
24	−157.98	18.71	43.29	796.61	839.9	19.39
25	−156.56	18.54	20.56	782.67	803.23	19.19
26	−154.03	17.94	28.55	774.11	802.66	18.59

续表5.6

编号	氧气分离㶲 /(kJ·kg⁻¹)	化学反应㶲 /(MJ·kg⁻¹)	灰分扩散㶲 /(kJ·kg⁻¹)	气体扩散㶲 /(kJ·kg⁻¹)	产物扩散㶲 /(kJ·kg⁻¹)	化学㶲 /(MJ·kg⁻¹)
27	−149.05	17.70	16.82	756.78	773.6	18.33
28	−148.81	17.52	18.26	749.39	767.65	18.14
29	−151.69	17.71	29.21	761.37	790.58	18.34
30	−146.69	17.45	26.38	735.60	761.98	18.06
31	−139.02	17.05	17.50	714.17	731.67	17.64
32	−153.74	19.29	41.73	789.38	831.11	19.96
33	−160.83	18.89	31.33	809.88	841.21	19.57
34	−142.03	16.07	39.48	690.18	729.66	16.66
35	−163.11	17.97	29.44	811.91	841.35	18.65
36	−163.16	18.00	46.30	801.50	847.8	18.69
37	−182.20	18.42	49.42	811.10	860.52	19.10
38	−168.67	19.78	95.67	857.24	952.91	20.57
39	−149.65	17.53	4.19	757.13	761.32	18.15
40	−150.14	17.74	10.66	769.81	780.47	18.37
41	−139.57	16.56	71.18	712.68	783.86	17.21
42	−160.78	18.97	50.78	809.17	859.95	19.67
43	−156.58	19.55	30.79	825.59	856.38	20.25
44	−153.75	18.31	25.92	805.28	831.2	18.99
45	−115.13	15.22	387.56	628.97	1016.53	16.12
46	−148.71	17.49	31.07	738.14	769.21	18.11
47	−92.90	11.40	16.54	452.72	469.26	11.78
48	−155.93	18.15	13.38	808.64	822.02	18.82
49	−156.88	18.49	5.82	784.19	790.01	19.12
50	−132.41	15.62	11.23	649.31	660.54	16.14
51	−141.44	16.79	5.99	716.48	722.47	17.37
52	−108.97	12.77	11.30	549.47	560.77	13.22

续表5.6

编号	氧气分离㶲 /(kJ·kg^{-1})	化学反应㶲 /(MJ·kg^{-1})	灰分扩散㶲 /(kJ·kg^{-1})	气体扩散㶲 /(kJ·kg^{-1})	产物扩散㶲 /(kJ·kg^{-1})	化学㶲 /(MJ·kg^{-1})
53	−120.82	13.71	9.11	590.75	599.86	14.19
54	−158.07	20.80	26.61	788.37	814.98	21.46
55	−197.27	17.31	58.69	829.41	888.10	18.00
56	−148.61	16.94	112.59	730.94	843.53	17.64
57	−160.17	18.81	29.99	807.36	837.35	19.49
58	−122.10	14.04	113.88	629.43	743.31	14.66
59	−114.68	12.95	17.81	581.30	599.11	13.43
60	−82.74	10.38	38.41	442.52	480.93	10.77
61	−100.80	12.42	226.66	537.83	764.49	13.08
62	−149.37	18.16	17.88	769.08	786.96	18.80
63	−112.99	12.97	5.80	566.61	572.41	13.43
64	−152.11	17.95	35.06	752.67	787.73	18.59

64 种木质生物质燃料的氧气分离㶲在 −65.06～−197.27 kJ/kg 之间。第 15 种木质生物质燃料的氧气分离㶲最低,第 55 种木质生物质燃料的氧气分离㶲最高。

氧气分离㶲是指在标准环境状态($p_0=1$ atm 和 $T_0=25$ ℃)下,经可逆过程把氧气从环境中分离出来所做的最大有用功。由式(4.15)和式(3.3)可知,氧气分离㶲的大小取决于被分离氧气的多少,被分离氧气越多,氧气分离㶲的数值越大。而被分离氧气的多少,又取决于燃料完全反应(燃烧)所消耗氧气的多少,主要取决于燃料中可燃元素和氧元素的质量分数:燃料中的可燃元素越多,氧元素的质量分数越少,则燃料完全反应(燃烧)所消耗氧气的量越多,氧气分离㶲的数值也越大。因此,64 种木质生物质燃料氧气分离㶲的大小主要取决于木质生物质燃料 C、H、O 等元素质量分数的大小(表5.4)。

5.3.2　木质生物质燃料的化学反应㶲

64 种木质生物质燃料的化学反应㶲如图 5.3 所示,具体数值见表5.6。64 种木质生物质燃料的化学反应㶲在 7.49～24.36 MJ/kg 之间。第 15 种木质生物质燃料的化学反应㶲最低;第 16 种木质生物质燃料的化学反应㶲最高。

化学反应㶲是指生物质燃料和氧气在标准环境状态($p_0 = 1$ atm 和 $T_0 = 25\ ℃$)下反应,并且反应的产物为环境基准产物时所做的最大有用功。由式(4.15)可知,生物质燃料的化学反应㶲与其热效应(热值)线性相关。因此,生物质燃料的化学反应㶲主要由其热值决定。第 15 种木质生物质燃料化学反应㶲最低,是由于其有最低的高位热值(7.56 MJ/kg)和最低的低位热值(5.53 MJ/kg);第 16 种木质生物质燃料的化学反应㶲最高,是由于其有最高的高位热值(24.00 MJ/kg)和最高的低位热值(22.80 MJ/kg)。

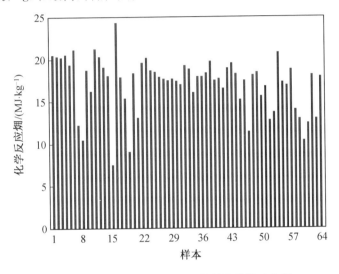

图 5.3　64 种木质生物质燃料的化学反应㶲

5.3.3　64 种木质生物质燃料的产物扩散㶲

　　木质生物质燃料的产物扩散㶲包括灰分扩散㶲和气体扩散㶲,其为灰分扩散㶲和气体扩散㶲之和。

　　64 种木质生物质燃料的灰分扩散㶲如图 5.4 所示,具体数值见表 5.6。64 种木质生物质燃料的灰分扩散㶲在 1.46～387.56 kJ/kg 之间。第 5 种木质生物质燃料的灰分扩散㶲最低;第 45 种木质生物质燃料的灰分扩散㶲最高。

　　灰分扩散㶲是指燃烧产物的灰分成分向环境扩散并与环境达到热力学平衡所做的最大可用功。由式(3.12)和式(4.15)可知,灰分扩散㶲由灰分质量分数和灰分化学㶲共同决定。

　　64 种木质生物质燃料的气体扩散㶲如图 5.5 所示,具体数值见表 5.6。64 种木质生物质燃料的气体扩散㶲在 324.89～919.31 kJ/kg 之间。第 15 种木质

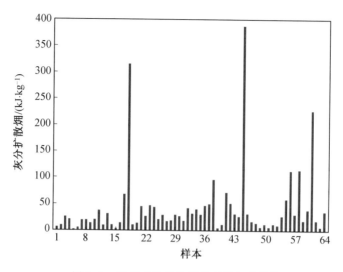

图 5.4　64 种木质生物质燃料的灰分扩散㶲

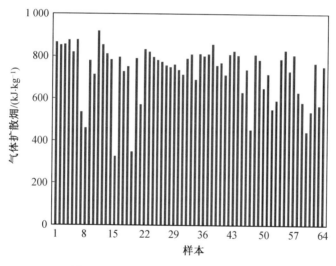

图 5.5　64 种木质生物质燃料的气体扩散㶲

生物质燃料的气体扩散㶲最低;第 11 种木质生物质燃料的气体扩散㶲最高。

气体扩散㶲是指燃烧气体向环境扩散并与环境达到热力学平衡所做的最大可用功。由式(3.12)和式(4.15)可知,气体扩散㶲主要由气体的质量浓度决定。

64 种木质生物质燃料的产物扩散㶲如图 5.6 所示,具体数值见表 5.6。64 种木质生物质燃料的产物扩散㶲在 327.91~1 067.02 kJ/kg 之间。第 15 种木质生物质燃料的产物扩散㶲最低;第 18 种木质生物质燃料的产物扩散㶲最高。木质生物质燃料的产物扩散㶲为灰分扩散㶲和气体扩散㶲之和,第 15 种木质生物质燃料的产物扩散㶲最低,是由于其气体扩散㶲最低和灰分扩散㶲较低;第 18 种木质生物质燃料的产物扩散㶲最高,是由于其气体扩散㶲较高和灰分扩散㶲较高。

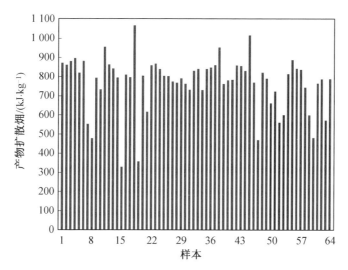

图 5.6　64 种木质生物质燃料的产物扩散㶲

5.3.4　木质生物质燃料的化学㶲

图 5.7 所示为 64 种木质生物质燃料的化学㶲,具体数值见表 5.6。64 种木质生物质燃料的化学㶲在 7.76～25.01 MJ/kg 之间。第 15 种木质生物质燃料的化学㶲最低;第 16 种木质生物质燃料的化学㶲最高。

生物质燃料的化学㶲为其氧气分离㶲、化学反应㶲和产物扩散㶲之和。因此,64 种木质生物质燃料的化学㶲由其氧气分离㶲、化学反应㶲和产物扩散㶲共同决定。图 5.7 中第 15、16 种木质生物质燃料的化学㶲分别最低和最高,与图 5.3 中第 15、16 种木质生物质燃料的化学反应㶲分别最低和最高一致,主要是因为木质生物质燃料的化学反应㶲远高于其氧气分离㶲和产物扩散㶲。

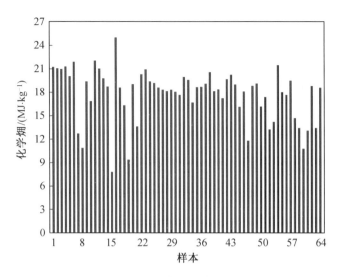

图 5.7　64 种木质生物质燃料的化学㶲

5.4　木质生物质燃料化学㶲的分布

木质生物质燃料化学㶲的分布可以通过其各部分㶲值(氧气分离㶲、化学反应㶲和产物扩散㶲)占化学㶲的比例来表征。

木质生物质燃料氧气分离㶲的比例定义为

$$Ex_{S,\eta} = \frac{Ex_S}{Ex} \times 100\%　(5.1)$$

式中　$Ex_{S,\eta}$——木质生物质燃料氧气分离㶲的比例；

Ex_S——木质生物质燃料的氧气分离㶲；

Ex——木质生物质燃料的化学㶲。

木质生物质燃料化学反应㶲的比例定义为

$$Ex_{R,\eta} = \frac{Ex_R}{Ex} \times 100\%　(5.2)$$

式中　$Ex_{R,\eta}$——木质生物质燃料化学反应㶲的比例；

Ex_R——木质生物质燃料的化学反应㶲。

木质生物质燃料产物扩散㶲的比例定义为

$$Ex_{D,\eta} = \frac{Ex_D}{Ex} \times 100\%　(5.3)$$

式中　$Ex_{D,\eta}$——木质生物质燃料产物扩散㶲的比例；

　　　Ex_D——木质生物质燃料的产物扩散㶲。

木质生物质燃料产物扩散㶲的比例也可以通过下式计算：

$$Ex_{D,\eta}=100\%-Ex_{S,\eta}-Ex_{R,\eta} \tag{5.4}$$

在木质生物质燃料氧气分离㶲、化学反应㶲、产物扩散㶲和化学㶲（总㶲）的基础上，可以计算木质生物质燃料氧气分离㶲、化学反应㶲和产物扩散㶲比例，从而获得木质生物质燃料化学㶲的分布特性。

5.4.1　木质生物质燃料氧气分离㶲的比例

图 5.8 所示为 64 种木质生物质燃料氧气分离㶲的比例，具体数值见表 5.7。表 5.7 中氧气分离㶲的数值为负值，表示外界对系统做功。

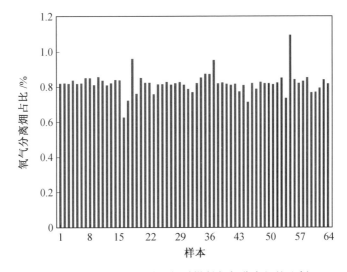

图 5.8　64 种木质生物质燃料氧气分离㶲的比例

64 种木质生物质燃料氧气分离㶲的比例在 0.63%～1.10%之间。第 16 种木质生物质燃料氧气分离㶲的比例最低；第 55 种木质生物质燃料氧气分离㶲的比例最高。

由生物质燃料氧气分离㶲的比例定义式（5.1）可知，生物质燃料氧气分离㶲的比例由其氧气分离㶲的数值和化学㶲的数值共同决定。因此，64 种木质生物质燃料氧气分离㶲的比例也由其氧气分离㶲的数值和化学㶲的数值共同决定。

表 5.7　64 种木质生物质燃料的化学㶲分布　　　　　　　　　　%

编号	氧气分离㶲	化学反应㶲	产物扩散㶲
1	−0.82	96.70	4.12
2	−0.82	96.73	4.10
3	−0.82	96.61	4.20
4	−0.84	96.62	4.22
5	−0.82	96.76	4.06
6	−0.82	96.76	4.06
7	−0.85	96.45	4.40
8	−0.85	96.50	4.35
9	−0.81	96.75	4.06
10	−0.86	96.49	4.36
11	−0.84	96.51	4.33
12	−0.81	96.72	4.09
13	−0.82	96.56	4.26
14	−0.84	96.58	4.26
15	−0.84	96.52	4.32
16	−0.63	97.40	3.23
17	−0.72	96.40	4.33
18	−0.96	94.42	6.54
19	−0.76	96.91	3.86
20	−0.85	96.64	4.22
21	−0.82	96.25	4.57
22	−0.82	96.60	4.22
23	−0.76	96.61	4.15
24	−0.81	96.49	4.32
25	−0.82	96.61	4.20
26	−0.83	96.50	4.33

续表5.7

编号	氧气分离㶲	化学反应㶲	产物扩散㶲
27	−0.81	96.56	4.25
28	−0.82	96.58	4.24
29	−0.83	96.56	4.26
30	−0.81	96.62	4.19
31	−0.79	96.66	4.13
32	−0.77	96.64	4.13
33	−0.82	96.53	4.30
34	−0.85	96.46	4.39
35	−0.87	96.35	4.52
36	−0.87	96.31	4.56
37	−0.95	96.44	4.51
38	−0.82	96.16	4.66
39	−0.82	96.58	4.24
40	−0.82	96.57	4.25
41	−0.81	96.22	4.59
42	−0.82	96.44	4.38
43	−0.77	96.54	4.23
44	−0.81	96.42	4.39
45	−0.71	94.42	6.30
46	−0.82	96.58	4.24
47	−0.79	96.77	4.01
48	−0.83	96.44	4.39
49	−0.82	96.71	4.12
50	−0.82	96.78	4.04
51	−0.81	96.66	4.15
52	−0.82	96.60	4.23

续表5.7

编号	氧气分离㶲	化学反应㶲	产物扩散㶲
53	−0.85	96.62	4.23
54	−0.74	96.92	3.81
55	−1.10	96.17	4.93
56	−0.84	96.03	4.81
57	−0.82	96.51	4.31
58	−0.83	95.77	5.06
59	−0.85	96.43	4.43
60	−0.77	96.38	4.39
61	−0.77	94.95	5.82
62	−0.79	96.60	4.20
63	−0.84	96.57	4.27
64	−0.82	96.56	4.26

5.4.2　木质生物质燃料化学反应㶲的比例

图5.9所示为64种木质生物质燃料化学反应㶲的比例,具体数值见表5.7。64种木质生物质燃料化学反应㶲的比例在94.42%~97.40%之间。第18种木质生物质燃料化学反应㶲的比例最低;第16种木质生物质燃料化学反应㶲的比例最高。

由生物质燃料化学反应㶲的比例定义式(5.2)可知,生物质燃料化学反应㶲的比例由其化学反应㶲的数值和化学㶲的数值共同决定。因此,64种木质生物质燃料化学反应㶲的比例也由其化学反应㶲的数值和化学㶲的数值共同决定。

5.4.3　木质生物质燃料产物扩散㶲的比例

图5.10所示为64种木质生物质燃料产物扩散㶲的比例,具体数值见表5.7。64种木质生物质燃料产物扩散㶲的比例在3.23%~6.54%之间。第16种木质生物质燃料产物扩散㶲的比例最低;第18种木质生物质燃料产物扩散㶲的比例最高。

由生物质燃料产物扩散㶲的比例定义式(5.3)可知,生物质燃料产物扩散㶲

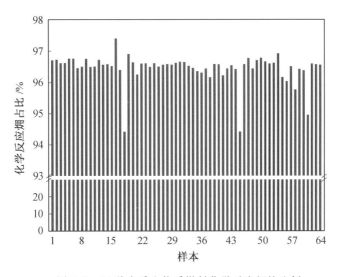

图 5.9　64 种木质生物质燃料化学反应㶲的比例

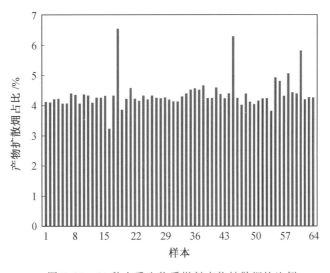

图 5.10　64 种木质生物质燃料产物扩散㶲的比例

的比例由其产物扩散㶲的数值和化学㶲的数值共同决定。因此,64 种木质生物质燃料产物扩散㶲的比例也由其产物扩散㶲的数值和化学㶲的数值共同决定。

5.4.4　木质生物质燃料化学㶲的分布

图 5.11 所示为 64 种木质生物质燃料化学㶲的分布,其氧气分离㶲、化学反

应㶲和产物扩散㶲的比例数据见表5.7。

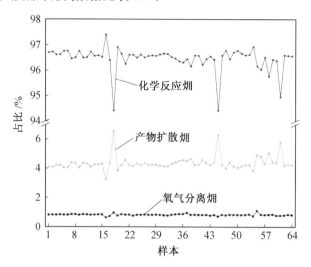

图 5.11　64 种木质生物质燃料化学㶲的分布

64 种木质生物质燃料的化学㶲的分布情况为:化学反应㶲(94.42％～97.40％)＞产物扩散㶲(3.23％～6.54％)＞氧气分离㶲(0.63％～1.10％),即 64 种木质生物质燃料的化学㶲主要由其化学反应㶲决定。

5.5　木质生物质燃料化学㶲的估算

64 种木质生物质燃料的化学㶲的分布特性表明,64 种木质生物质燃料的化学㶲主要由其化学反应㶲决定,即主要由其热值决定。本节探求 64 种木质生物质燃料的化学㶲与其热值的关联关系。

5.5.1　基于低位热值的经验公式

图 5.12 所示为 64 种木质生物质燃料的低位热值和化学㶲。64 种木质生物质燃料化学㶲的变化趋势与其低位热值的变化趋势非常相似,因此可以考虑通过木质生物质燃料的低位热值估算其化学㶲。

图 5.13 给出了 64 种木质生物质燃料的化学㶲基于低位热值的估算,其关联关系式为

$$Ex = 1.972 + 1.022 LHV \quad (R^2 = 0.996) \tag{5.5}$$

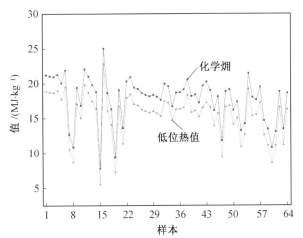

图 5.12　64 种木质生物质燃料的低位热值和化学㶲

式中　Ex——木质生物质燃料的化学㶲，MJ/kg；

$\quad\quad$ LHV——木质生物质燃料的低位热值，MJ/kg。

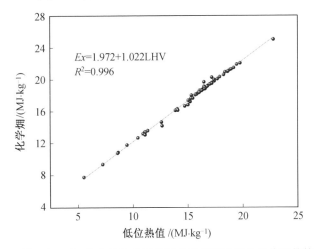

图 5.13　64 种木质生物质燃料化学㶲基于低位热值的估算

图 5.14 给出了 64 种木质生物质燃料化学㶲基于低位热值的估算误差，计算化学㶲即木质生物质燃料多过程化学㶲的计算值(图 5.7)，估算化学㶲即通过经验关联式(5.5)计算木质生物质燃料的化学㶲。

64 种木质生物质燃料基于低位热值的化学㶲估算分析见表 5.8。64 种木质生物质燃料化学㶲的估算误差在 $-4.48\%\sim4.87\%$ 之间，表明经验关联式(5.5)可以较好地估算木质生物质燃料的化学㶲。

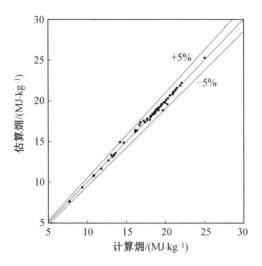

图 5.14　64 种木质生物质燃料化学㶲基于低位热值的估算误差

表 5.8　64 种木质生物质燃料基于低位热值的化学㶲估算分析

编号	计算化学㶲/(MJ·kg^{-1})	估算化学㶲/(MJ·kg^{-1})	相对误差/%
1	21.23	21.26	0.13
2	21.07	21.09	0.11
3	20.97	21.03	0.30
4	21.29	21.36	0.32
5	20.05	20.07	0.11
6	21.89	21.87	-0.09
7	12.69	12.65	-0.30
8	10.86	10.82	-0.35
9	19.40	19.38	-0.12
10	16.82	17.33	2.95
11	22.05	22.19	0.62
12	21.03	21.05	0.11
13	19.78	19.80	0.08
14	18.73	18.71	-0.09
15	7.76	7.62	-1.79

续表5.8

编号	计算化学㶲/(MJ·kg^{-1})	估算化学㶲/(MJ·kg^{-1})	相对误差/%
16	25.01	25.27	1.04
17	18.60	18.41	−1.06
18	16.30	16.33	0.19
19	9.37	9.36	−0.08
20	19.03	19.03	0.00
21	13.60	13.57	−0.21
22	20.31	20.29	−0.12
23	20.92	20.79	−0.64
24	19.39	19.35	−0.23
25	19.19	19.17	−0.09
26	18.59	18.57	−0.11
27	18.33	18.31	−0.09
28	18.14	18.10	−0.23
29	18.34	18.29	−0.26
30	18.06	18.01	−0.29
31	17.64	17.61	−0.18
32	19.96	19.77	−0.99
33	19.57	19.55	−0.10
34	16.66	17.03	2.17
35	18.65	18.62	−0.16
36	18.69	18.64	−0.26
37	19.10	18.82	−1.46
38	20.57	20.66	0.46
39	18.15	18.14	−0.05
40	18.37	18.39	0.08
41	17.21	17.53	1.83

续表5.8

编号	计算化学㶲/(MJ·kg^{-1})	估算化学㶲/(MJ·kg^{-1})	相对误差/%
42	19.67	18.83	−4.48
43	20.25	19.55	−3.58
44	18.99	18.89	−0.55
45	16.12	16.17	0.29
46	18.11	18.03	−0.46
47	11.78	11.63	−1.26
48	18.82	18.93	0.59
49	19.12	19.12	0.01
50	16.14	16.38	1.49
51	17.37	17.35	−0.10
52	13.22	13.14	−0.59
53	14.19	14.92	4.87
54	21.46	21.58	0.58
55	18.00	17.65	−1.99
56	17.64	17.77	0.74
57	19.49	19.56	0.36
58	14.66	14.86	1.34
59	13.43	13.32	−0.85
60	10.77	10.76	−0.08
61	13.08	13.33	1.85
62	18.80	18.88	0.40
63	13.43	13.36	−0.55
64	18.59	18.61	0.11

5.5.2 基于高位热值的经验公式

图5.15所示为64种木质生物质燃料的高位热值和化学㶲。64种木质生物

质燃料化学㶲的变化趋势与其高位热值的变化趋势非常相似,因此,可以考虑通过木质生物质燃料的高位热值估算其化学㶲。

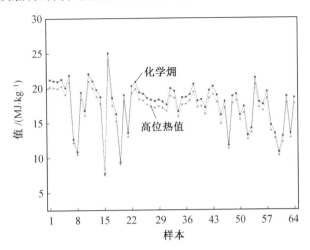

图 5.15　64 种木质生物质燃料的高位热值和化学㶲

图 5.16 给出了 64 种木质生物质燃料的化学㶲基于高位热值的估算,其关联关系式为

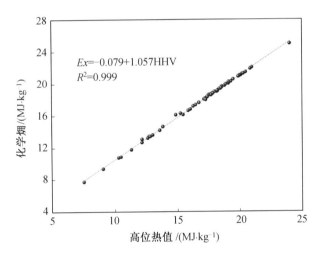

图 5.16　64 种木质生物质燃料化学㶲基于高位热值的估算

$$Ex = -0.079 + 1.057HHV(R^2 = 0.999) \tag{5.6}$$

式中　Ex——木质生物质燃料的化学㶲,MJ/kg;

　　　　HHV——木质生物质燃料的高位热值,MJ/kg。

生物质燃料的化学㶲:基于多过程热力学模型

　　图 5.17 所示为 64 种木质生物质燃料计算化学㶲基于高位热值的估算误差,计算化学㶲即木质生物质燃料多过程化学㶲的计算值(图 5.7),估算化学㶲即通过经验关联式(5.6)计算木质生物质燃料的化学㶲。

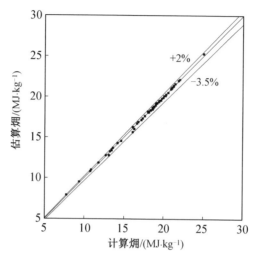

图 5.17　64 种木质生物质燃料计算化学㶲基于高位热值的估算误差

　　64 种木质生物质燃料基于高位热值的化学㶲估算分析见表 5.9。64 种木质生物质燃料化学㶲的估算误差在 −3.08%～1.92% 之间,表明经验关联式(5.6)可以较好地估算木质生物质燃料的化学㶲。

表 5.9　64 种木质生物质燃料基于高位热值的化学㶲估算分析

编号	计算化学㶲/(MJ·kg⁻¹)	估算化学㶲/(MJ·kg⁻¹)	相对误差/%
1	21.23	21.26	0.15
2	21.07	21.15	0.36
3	20.97	21.02	0.23
4	21.29	21.38	0.41
5	20.05	20.10	0.24
6	21.89	21.97	0.36
7	12.69	12.80	0.82
8	10.86	11.01	1.35
9	19.40	19.43	0.17

续表5.9

编号	计算化学㶲/(MJ·kg⁻¹)	估算化学㶲/(MJ·kg⁻¹)	相对误差/%
10	16.82	16.89	0.39
11	22.05	22.12	0.31
12	21.03	21.04	0.05
13	19.78	19.78	0.01
14	18.73	18.74	0.03
15	7.76	7.91	1.92
16	25.01	25.29	1.09
17	18.60	18.44	−0.89
18	16.30	16.04	−1.62
19	9.37	9.52	1.56
20	19.03	19.13	0.51
21	13.60	13.69	0.68
22	20.31	20.30	−0.05
23	20.92	20.93	0.04
24	19.39	19.34	−0.27
25	19.19	19.21	0.11
26	18.59	18.57	−0.13
27	18.33	18.30	−0.15
28	18.14	18.12	−0.10
29	18.34	18.32	−0.09
30	18.06	18.05	−0.06
31	17.64	17.60	−0.20
32	19.96	19.87	−0.45
33	19.57	19.54	−0.16
34	16.66	16.70	0.23
35	18.65	18.59	−0.34

续表5.9

编号	计算化学㶲/(MJ·kg^{-1})	估算化学㶲/(MJ·kg^{-1})	相对误差/%
36	18.69	18.64	−0.27
37	19.10	19.19	0.47
38	20.57	20.50	−0.34
39	18.15	18.15	0.02
40	18.37	18.33	−0.20
41	17.21	17.13	−0.47
42	19.67	19.53	−0.69
43	20.25	20.11	−0.68
44	18.99	18.93	−0.32
45	16.12	15.64	−3.08
46	18.11	18.09	−0.11
47	11.78	11.89	0.90
48	18.82	18.77	−0.25
49	19.12	19.16	0.20
50	16.14	16.26	0.75
51	17.37	17.33	−0.23
52	13.22	13.27	0.38
53	14.19	14.28	0.65
54	21.46	21.58	0.55
55	18.00	18.19	1.02
56	17.64	17.63	−0.08
57	19.49	19.49	−0.02
58	14.66	14.55	−0.76
59	13.43	13.39	−0.32
60	10.77	10.81	0.35
61	13.08	12.80	−2.23

续表5.9

编号	计算化学㶲/(MJ·kg^{-1})	估算化学㶲/(MJ·kg^{-1})	相对误差/%
62	18.80	18.79	−0.06
63	13.43	13.48	0.39
64	18.59	18.64	0.27

5.6　本章小结

　　本章研究了 64 种木质生物质燃料的多过程化学㶲特性。64 种木质生物质燃料的氧气分离㶲、化学反应㶲、产物扩散㶲和化学㶲（总㶲）分别为 65.06～197.27 kJ/kg,7.49～24.36 MJ/kg,327.91～1 067.02 kJ/kg 和 7.76～25.01 MJ/kg。

　　64 种木质生物质燃料的化学㶲分布特性为:化学反应㶲（94.42%～97.40%）＞产物扩散㶲（3.23%～6.54%）＞氧气分离㶲（0.63%～1.10%）。

　　本章提出了基于低位热值估算木质生物质燃料化学㶲的经验公式,64 种木质生物质燃料化学㶲的估算误差在−4.48%～4.87%之间。提出了基于高位热值估算木质生物质燃料化学㶲的经验公式,64 种木质生物质燃料化学㶲的估算误差在−3.08%～1.92%之间。

本章参考文献

[1] ZHANG Y, GAO X, LI B, et al. An expeditious methodology for estimating the exergy of woody biomass by means of heating values[J]. Fuel, 2015, 159:712-719.

[2] ZHANG Y, ZHAO W, LI B, et al. Two equations for estimating the exergy of woody biomass based on the exergy values of ash contents[J]. Energy, 2016, 106:400-407.

[3] AYRILMIS N, KAYMAKCI A, GÜLEC T. Potential use of decayed wood in production of wood plastic composite [J]. Industrial Crops and Products, 2015, 74:279-284.

[4] MIGNEAULT S, KOUBAA A, PERRÉ P, et al. Effects of wood fiber surface chemistry on strength of wood - plastic composites[J]. Applied

Surface Science，2015，343：11-18.

[5] SASMITA A，SITUMEANG D．CO adsorption performance of rubber wood activated carbon[J]．Materials Today：Proceedings，2022，63（1）：526-531.

[6] CHEW J，ZHU L，NIELSEN S，et al．Biochar-based fertilizer：supercharging root membrane potential and biomass yield of rice[J]．Science of the Total Environment，2020，713：136431.

[7] ALBUQUERQUE A R L，ANGÉLICA R S，Merino A，et al．Chemical and mineralogical characterization and potential use of ash from Amazonian biomasses as an agricultural fertilizer and for soil amendment [J]．Journal of Cleaner Production，2021，295：126472.

[8] ZHANG Y，LI B．Biomass gasification：fundamentals，experiments，and simulation[M]．New York：Nova Science Publishers，2020.

[9] SILVA J，FERREIRA A C，TEIXEIRA S，et al．Sawdust drying process in a large-scale pellets facility：an energy and exergy analysis[J]．Cleaner Environmental Systems，2021，2：100037.

[10] COSTA V A F，TARELHO L A C，SOBRINHO A．Mass，energy and exergy analysis of a biomass boiler：a Portuguese representative case of the pulp and paper industry[J]．Applied Thermal Engineering，2019，152：350-361.

[11] ZHANG Y，ZHAO Y，LI B，et al．Energy and exergy characteristics of syngas produced from air gasification of walnut sawdust in an entrained flow reactor[J]．International Journal of Exergy，2017，23（3）：244-262.

[12] REYES L，ABDELOUAHED L，CAMPUSANO B，et al．Exergetic study of beech wood gasification in fluidized bed reactor using CO_2 or steam as gasification agents[J]．Fuel Processing Technology，2021，213：106664.

[13] DHAUNDIYAL A，ATSU D．Exergy analysis of a pilot-scale reactor using wood chips[J]．Journal of Cleaner Production，2021，279：123511.

[14] KARKLINA K，CIMDINA G，VEIDENBERGS I，et al．Energy and exergy analysis of wood-based CHP．case study[J]．Energy Procedia，2016，95：507-511.

[15] ZHANG Y，LI B，ZHANG H．Exergy of biomass[M]．New York：Nova

Science Publishers，2020.

[16] PIOTROWSKA P，ZEVENHOVEN M，DAVIDSSON K，et al. Fate of alkali metals and phosphorus of rapeseed cake in circulating fluidized bed boiler part 1：co-combustion with wood[J]. Energy & Fuels，2010，24 (1)：333-345.

[17] WILÉN C，MOILANEN A，KURKELA E. Biomass feedstock analyses [R]. Espoo：Technical Research Centre of Finland，1996.

[18] KURKELA E. Formation and removal of biomass－derived contaminants in fluidized－bed gasification processes[R]. Espoo：Technical Research Centre of Finland，1996.

[19] CANOVA J H，BUSHNELL D J. Testing and evaluating the combustion characteristics of densified RDF and mixed waste paper[J]. Energy from Biomass and Wastes，1993，16：1191-1219.

[20] MAGASINER N，DE KOCK J W. Design criteria for fibrous fuel fired boilers[J]. Energy World，1987 (150)：4-12.

[21] NAIK S，GOUD V V，ROUT P K，et al. Characterization of Canadian biomass for alternative renewable biofuel[J]. Renewable Energy，2010，35(8)：1624-1631.

[22] LEHMANN B，SCHRÖDER H W，WOLLENBERG R，et al. Effect of process variables on the quality characteristics of pelleted wood-xylite mixtures[J]. Energy & Fuels，2011，25(8)：3776-3785.

[23] MILES T R，MILES JR T R，BAXTER L L，et al. Alkali deposits found in biomass power plants：a preliminary investigation of their extent and nature[R]. Washington：Department of Energy，1995.

[24] JENKINS B M，KAYHANIAN M，BAXTER L L，et al. Combustion of residual biosolids from a high solids anaerobic digestion/aerobic composting process[J]. Biomass and Bioenergy，1997，12(5)：367-381.

[25] KOUKOUZAS N，HÄMÄLÄINEN，PAPANIKOLAOU D，et al. Mineralogical and elemental composition of fly ash from pilot scale fluidised bed combustion of lignite，bituminous coal，wood chips and their blends [J]. Fuel，2007，86(14)：2186-2193.

[26] KARAMPINIS E，VAMVUKA D，SFAKIOTAKIS S，et al. Comparative study of combustion properties of five energy crops and Greek lignite [J].

Energy & Fuels, 2012, 26(2):869-878.

[27] VIANA H, VEGA-NIEVA D J, TOREES L O, et al. Fuel characterization and biomass combustion properties of selected native woody shrub species from central Portugal and NW Spain[J]. Fuel, 2012, 102:737-745.

[28] ZHANG L, NINOMIYA Y, WANG Q, et al. Influence of woody biomass (cedar chip) addition on the emissions of PM_{10} from pulverised coal combustion[J]. Fuel, 2011, 90(1):77-86.

[29] ZHANG Y, GHALY A E, LI B. Physical properties of corn residues[J]. American Journal of Biochemistry and Biotechnology, 2012, 8(2):44-53.

[30] LORENTE M J F, LAPLAZA J M M, CUADRADO R E, et al. Ash behaviour of lignocellulosic biomass in bubbling fluidised bed combustion [J]. Fuel, 2006, 85(9):1157-1165.

[31] MIRANDA T, ROMÁN S, ARRANZ J I, et al. Emissions from thermal degradation of pellets with different contents of olive waste and forest residues[J]. Fuel Processing Technology, 2010, 91(11):1459-1463.

[32] THEIS M, SKRIFVARS B J, HUPA M, et al. Fouling tendency of ash resulting from burning mixtures of biofuels. part 1: deposition rates[J]. Fuel, 2006, 85(7-8):1125-1130.

[33] VAMVUKA D, ZOGRAFOS D, ALEVIZOS G. Control methods for mitigating biomass ash-related problems in fluidized beds[J]. Bioresource Technology, 2008, 99(9):3534-3544.

[34] KHAN A A, AHO M, DE JONG W, et al. Scale-up study on combustibility and emission formation with two biomass fuels (B quality wood and pepper plant residue) under BFB conditions[J]. Biomass and Bioenergy, 2008, 32(12):1311-1321.

[35] HALLGREN A L, ENGVALL K, SKRIFVARS B J. Ash-induced operational difficulties in fluidised bed firing of biofuels and waste[C]. Oakland:Biomass Conference of the Americas, 1999.

[36] PATIÑO D, MORAN J, PORTEIRO J, et al. Improving the cofiring process of wood pellet and refuse derived fuel in a small-scale boiler plant [J]. Energy & Fuels, 2008, 22(3):2121-2128.

[37] ÅMAND L E, LECKNER B, ESKILSSON D, et al. Deposits on heat transfer tubes during co-combustion of biofuels and sewage sludge[J].

Fuel，2006，85(10-11)：1313-1322.

[38] MORAN J C，MIGUEZ J L，PORTEIRO J，et al. Study of the feasibility of mixing refuse derived fuels with wood pellets through the grey and Fuzzy theory[J]. Renewable Energy，2009，34(12)：2607-2612.

[39] VERMEULEN J W，VAN DER DRIFT A. Brandstoffen uit reststromen voor circulerend wervelbedvergassing，rapportage fase 2(non-confidential version，in Dutch)[R]. Haarlem：Netherlands，1998.

[40] TILLMAN D A. Biomass cofiring：the technology，the experience，the combustion consequences[J]. Biomass and Bioenergy，2000，19(6)：365-384.

[41] SKRIFVARS B J，BACKMAN R，HUPA M，et al. Ash behaviour in a CFB boiler during combustion of coal，peat or wood[J]. Fuel，1998，77(1-2)：65-70.

[42] DUNNU G，MAIER J，SCHEFFKNECHT G. Ash fusibility and compositional data of solid recovered fuels[J]. Fuel，2010，89(7)：1534-1540.

[43] ZHANG Y，GHALY A E，LI B. Physical properties of rice residues as affected by variety and climatic and cultivation conditions in three continents[J]. American Journal of Applied Sciences，2012，9(11)：1757-1768.

[44] ZHANG Y，GHALY A E，LI B. Physical properties of wheat straw varieties cultivated under different climatic and soil conditions in three continents[J]. American Journal of Engineering and Applied Sciences，2012，5(2)：98-106.

[45] ZHANG Y，GHALY A E，LI B. Availability and physical properties of residues from major agricultural crops for energy conversion through ther-mochemical processes[J]. American Journal of Agricultural and Biological Science，2012，7(3)：312-321.

第6章

稻壳燃料的化学㶲

大米是世界上约一半人的主要食物,稻壳是稻谷外面的一层壳,是水稻加工成大米过程中的一种重要废弃物。每年4亿~5亿t的世界大米产量能产生大量的稻壳燃料,为人类生活、发展提供巨大能量。本章基于28种稻壳燃料的水分、灰分成分、元素成分、热值等基本特性,详细研究稻壳燃料的氧气分离㶲、化学反应㶲、产物扩散㶲和化学㶲(总㶲)等多过程化学㶲特性,并通过计算氧气分离㶲、化学反应㶲和产物扩散㶲占化学㶲的比例来研究稻壳燃料化学㶲的分布特性。在此基础上,提出基于低位热值和高位热值估算稻壳燃料化学㶲的新经验公式,并研究相对误差以分析新经验公式的精度。

6.1　概　　述

　　稻壳是稻谷外面的一层壳,是水稻加工成大米过程中的一种重要废弃物。稻壳有广泛的用途,可以用作枕头填料、发酵床垫料、饲料、燃料等。

　　大米是世界上约一半人的主要食物,每年 4 亿～5 亿 t 的世界大米产量能产生大量的稻壳。基于 2001—2020 年世界稻谷和大米的产量,可以得到相应的稻壳产量。图 6.1 所示为 2001—2020 年世界稻壳的产量,其值在 1.9 亿～2.5 亿 t 之间波动,20 年的平均增长率为 3.32×10^6 t/a。如果稻壳的热值按 15 MJ/kg 计算,2.5 亿 t 的世界稻壳产量可提供 3.75 EJ 的能量。

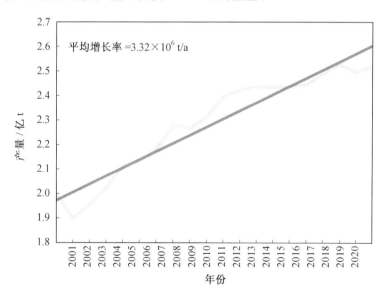

图 6.1　2001—2020 年世界稻壳的产量

　　㶲分析已广泛应用于稻壳燃料的能量特性、气化系统、热解系统等的深入分析。稻壳燃料的化学㶲是对稻壳燃料的能量特性、气化系统、热解系统等进行㶲分析的基础。因此,本章开展稻壳燃料化学㶲的深入研究。

6.2 稻壳燃料的基本特性

稻壳燃料的基本特性主要包括水分、粒径、空隙率等物理特性和元素成分、灰分成分、热值等化学特性。稻壳燃料的水分、灰分成分、元素成分、热值等基本特性是计算稻壳燃料化学㶲的基础,因此在本节中做详细陈述。

6.2.1 稻壳燃料样品的基本信息

选用 28 种稻壳燃料样品,其基本信息见表 6.1。28 种稻壳样品主要来源于加拿大(6 种)、中国(5 种)、日本(3 种)等国家。

表 6.1　28 种稻壳燃料样品的基本信息

编号	产地	编号	产地
1	N	15	印度
2	日本	16	西班牙
3	日本	17	N
4	日本	18	芬兰
5	N	19	葡萄牙
6	中国	20	中国
7	中国	21	泰国
8	西班牙	22	印度
9	N	23	中国
10	N	24	加拿大
11	中国	25	加拿大
12	加拿大	26	泰国
13	加拿大	27	加拿大
14	加拿大	28	土耳其

注:N 表示未知。

6.2.2　稻壳燃料的水分

28 种稻壳燃料的水分和灰分(收到基数据)见表 6.2。28 种稻壳燃料的水分在 0.00%～11.20% 之间,比 64 种木质生物质燃料的水分(0.00%～63%)更集中一些。

稻壳燃料的水分主要受燃料来源、存储方式、存储时间、加工方式、加工过程、测定方法、测定条件等因素影响。

表 6.2　28 种稻壳燃料的水分和灰分(收到基数据)　　　　　　　%

编号	水分	灰分
1	0.00	20.26
2	0.00	22.00
3	0.00	12.70
4	0.00	17.10
5	0.00	18.50
6	0.00	15.90
7	0.00	18.16
8	1.10	12.90
9	5.73	10.55
10	6.70	12.13
11	6.73	17.09
12	8.68	17.17
13	9.00	22.39
14	9.08	21.28
15	9.20	23.06
16	9.37	8.93
17	9.40	11.60
18	9.40	17.80
19	9.40	10.50
20	9.68	15.60
21	9.80	19.84

续表6.2

编号	水分	灰分
22	9.80	15.69
23	10.07	15.61
24	10.16	16.35
25	10.20	16.79
26	10.30	14.00
27	10.44	13.70
28	11.20	20.60

6.2.3 稻壳燃料的灰分成分

28 种稻壳燃料的灰分（收到基数据）见表 6.2。28 种稻壳燃料灰分的收到基数据在 8.93%～23.06% 之间，比 64 种木质生物质燃料灰分的收到基数据（0.09%～29.73%）更集中，一个重要因素是木质生物质燃料的样品更多，多样性更大。

稻壳燃料的灰分主要由燃料本身决定，水分对灰分的收到基数据也有一定影响（水分的增加会降低灰分的收到基数值）。

稻壳燃料的灰分主要含有 Al_2O_3、CaO、Fe_2O_3、K_2O、MgO、MnO、Na_2O、P_2O_5、SO_3、SiO_2、TiO_2 等氧化物。28 种稻壳燃料的灰分成分数据见表 6.3。28 种稻壳燃料灰分中，氧化物 Al_2O_3、CaO、Fe_2O_3、K_2O、MgO、MnO、Na_2O、P_2O_5、SO_3、SiO_2、TiO_2 的质量分数分别为 0.00%～1.27%、0.07%～3.21%、0.00%～2.46%、0.00%～5.80%、0.00%～1.30%、0.00%～0.27%、0.00%～2.05%、0.00%～3.70%、0.00%～1.31%、6.89%～98.02% 和 0.00%～0.78%。稻壳燃料灰分成分的质量分数主要受水稻的种类、产地和生产过程等因素影响。

28 种稻壳燃料灰分的主要成分为 SiO_2（6.89%～98.02%）、K_2O（0.00%～5.80%）、P_2O_5（0.00%～3.70%）、CaO（0.07%～3.21%）、Fe_2O_3（0.00%～2.46%）、Na_2O（0.00%～2.05%）、SO_3（0.00%～1.31%）、MgO（0.00%～1.30%）和 Al_2O_3（0.00%～1.27%），还含有少量的 TiO_2（0.00%～0.78%）和 MnO（0.00%～0.27%），与 64 种木质生物质燃料灰分的质量分数略有区别：①灰分成分的质量分数数据和次序不完全一致；②稻壳燃料灰分的 SiO_2 占绝大部分。SiO_2 及碱性金属氧化物（例如 K_2O、Na_2O 等）的存在可能导致灰分的高温结渣。

表 6.3　28 种稻壳燃料的灰分成分数据　　　　　　　%

编号	Al_2O_3	CaO	Fe_2O_3	K_2O	MgO	MnO	Na_2O	P_2O_5	SO_3	SiO_2	TiO_2
1	0.78	3.21	0.14	3.71	0.01	—	0.21	0.43	0.72	91.42	0.02
2	—	1.20	—	4.30	—	—	—	1.10	—	91.50	—
3	—	2.50	—	5.80	—	—	—	1.00	—	88.90	—
4	—	1.50	—	4.40	—	—	—	1.40	—	91.20	—
5	1.04	1.40	0.41	4.16	0.49	0.27	0.23	0.60	1.31	89.86	0.02
6	0.43	2.25	0.13	3.89	0.74	0.01	0.21	0.64	0.47	6.89	0.03
7	1.27	0.45	0.56	0.62	0.19	—	0.12	1.49	—	94.80	0.00
8	0.52	0.23	0.11	0.38	0.11	0.01	0.10	0.08	—	98.02	0.02
9	0.01	0.07	—	—	—	0.01	—	0.06	0.03	10.37	—
10	0.30	2.80	0.20	3.70	1.30	—	—	1.60	0.80	88.20	0.00
11	0.91	1.15	0.12	4.68	0.47	—	1.78	0.93	—	87.83	0.04
12	0.11	0.59	0.10	2.30	0.41	—	0.23	0.57	0.88	94.00	0.04
13	0.09	0.34	0.09	2.00	0.30	—	0.03	0.60	1.12	90.00	0.06
14	0.05	0.48	0.09	2.10	0.44	—	0.08	0.59	0.10	96.00	0.04
15	0.56	0.81	0.48	1.03	0.05	0.08	0.22	0.44	—	96.26	0.07
16	—	1.37	—	4.02	1.06	—	0.31	—	—	89.81	—
17	0.00	1.30	0.10	5.40	0.80	—	0.20	3.70	—	87.70	0.00
18	0.10	0.60	0.10	1.90	0.30	0.10	0.01	0.60	—	95.90	0.01
19	0.30	2.80	0.20	3.70	1.30	—	0.70	1.60	0.80	88.20	0.00
20	1.23	1.57	2.46	3.50	0.76	—	2.05	2.62	—	83.15	0.78
21	0.06	1.88	0.23	0.58	0.96	—	0.39	—	—	94.60	—
22	0.26	0.21	0.08	0.09	0.18	—	0.05	0.18	—	16.30	0.01
23	0.16	0.56	0.08	2.44	0.62	0.15	0.10	1.17	—	94.71	0.00
24	0.13	0.33	0.16	1.80	0.30	—	0.08	0.03	0.11	97.00	0.02
25	0.13	0.45	0.13	2.80	0.45	—	0.23	0.89	1.10	90.00	0.05
26	0.17	0.49	0.22	2.68	0.34	—	0.03	0.54	0.34	90.30	0.01
27	0.25	2.00	0.27	2.50	0.40	—	0.09	1.20	1.08	92.00	0.04
28	0.30	2.80	0.20	3.70	1.30	—	—	1.60	0.80	88.20	0.00

6.2.4　稻壳燃料的元素成分

28 种稻壳燃料的元素成分(收到基数据)见表 6.4。28 种稻壳燃料的元素成分主要包括 C、H、O、N、S 等。

28 种稻壳燃料 C、H、O、N 和 S 的质量分数分别为 26.66%～41.54%、3.42%～6.00%、28.67%～42.10%、0.15%～1.00% 和 0.00%～0.70%。28 种稻壳燃料主要含有 O(28.67%～42.10%)、C(26.66%～41.54%)、H(3.42%～6.00%)等元素,还含有少量的 N(0.15%～1.00%)和 S(0.00%～0.70%)等元素,这和 64 种木质生物质燃料元素成分质量分数的排序(C(18.96%～53.40%)、O(15.58%～44.20%)、H(2.21%～7.60%)、N(0.02%～2.10%)和 S(0.02%～2.10%))略有不同。较高的氧的质量分数会降低燃料的热值。

与 64 种木质生物质燃料元素成分的收到基数据相比,28 种稻壳燃料中 C、H、O、N 和 S 的质量分数较高,C、H 的质量分数较低,会降低燃料的热值。

表 6.4　28 种稻壳燃料的元素成分(收到基数据)　　　　　　%

编号	C	H	O	N	S
1	38.83	4.75	35.47	0.52	0.05
2	37.20	4.90	34.80	0.40	0.70
3	41.10	5.40	39.70	0.40	0.70
4	35.20	4.60	42.10	0.40	0.60
5	40.18	4.97	35.53	0.65	0.07
6	37.62	4.91	40.92	0.53	0.12
7	38.45	5.08	37.83	0.15	0.23
8	41.54	5.34	38.87	0.40	0.00
9	38.82	5.73	38.39	0.66	0.12
10	36.67	5.32	38.35	0.84	0.00
11	38.45	5.22	32.06	0.45	0.00
12	38.45	4.55	30.78	0.37	0.02
13	35.22	4.28	28.67	0.46	0.01
14	34.19	4.93	30.19	0.35	0.03

续表6.4

编号	C	H	O	N	S
15	31.51	4.54	31.33	0.18	0.05
16	38.98	5.26	36.80	0.66	0.00
17	38.32	5.53	33.98	1.00	0.04
18	29.17	3.42	39.65	0.36	0.04
19	40.70	6.00	32.90	0.50	0.00
20	37.24	5.07	31.56	0.45	0.43
21	26.66	4.43	38.91	0.28	0.07
22	35.90	5.14	32.83	0.45	0.18
23	33.03	3.71	37.14	0.37	0.06
24	38.27	4.58	30.19	0.46	0.02
25	37.99	4.45	30.17	0.41	0.01
26	38.00	4.55	32.40	0.69	0.06
27	39.85	4.94	31.53	0.41	0.02
28	27.01	4.09	36.62	0.48	0.00

6.2.5　稻壳燃料的热值

28 种稻壳燃料的热值(收到基数据)见表 6.5。28 种稻壳燃料的高位热值和低位热值分别为 9.74~17.29 MJ/kg 和 8.88~16.20 MJ/kg。

稻壳燃料的高位热值和低位热值主要由 C、H 等可燃元素的质量分数决定。通常,有较高高位热值的燃料也有较高的低位热值,例如第 27 种稻壳燃料高位热值最高(17.29 MJ/kg),同时低位热值最高(16.20 MJ/kg)。然而,第 18 种稻壳燃料高位热值最低(9.74 MJ/kg),低位热值位于第二(8.98 MJ/kg),而第 21 种稻壳燃料低位热值最低(8.88 MJ/kg),高位热值位于第二(10.09 MJ/kg),说明稻壳水分的质量分数对热值有较大影响。

与 64 种木质生物质燃料相比,稻壳燃料的高位热值和低位热值更集中一些。整体而言,稻壳燃料的高位热值和低位热值较低,主要是因其 C、H 质量分数较低。

表 6.5　28 种稻壳燃料的热值(收到基数据)　　　　　MJ/kg

编号	高位热值(HHV)	低位热值(LHV)
1	15.84	14.80
2	14.76	13.69
3	16.40	15.22
4	13.05	12.04
5	15.82	14.72
6	14.36	13.28
7	15.14	14.02
8	16.62	15.42
9	14.98	13.85
10	14.83	13.50
11	15.89	14.58
12	14.24	13.24
13	14.34	13.40
14	15.30	14.22
15	12.63	11.86
16	15.80	14.41
17	16.12	15.00
18	9.74	8.98
19	15.72	14.40
20	14.20	13.09
21	10.09	8.88
22	13.98	12.61
23	11.74	10.68
24	15.13	14.12
25	15.58	14.60
26	14.98	13.73
27	17.29	16.20
28	11.90	10.73

6.3　稻壳燃料的化学㶲

基于第 4 章中生物质燃料化学㶲的修正式(4.15),本节研究稻壳燃料的多过程㶲特性。

6.3.1　稻壳燃料的氧气分离㶲

图 6.2 所示为 28 种稻壳燃料的氧气分离㶲,具体数值见表 6.6(图 6.2 中氧气分离㶲的数值取绝对值)。

28 种稻壳燃料的氧气分离㶲在 $-80.95 \sim -152.72$ kJ/kg 之间。第 18 种稻壳燃料的氧气分离㶲最低;第 19 种稻壳燃料的氧气分离㶲最高。28 种稻壳燃料的氧气分离㶲与 64 种木质生物质燃料的氧气分离㶲近似,只是更集中一些。

28 种稻壳燃料氧气分离㶲的大小主要取决于稻壳燃料 C、H、O 等元素质量分数的大小(表 6.4)。

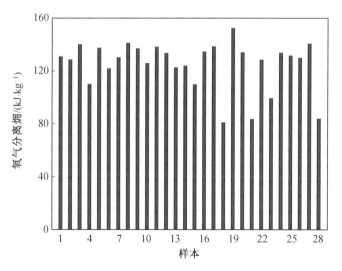

图 6.2　28 种稻壳燃料的氧气分离㶲

表 6.6　28 种稻壳燃料的化学㶲

编号	氧气分离㶲 /(kJ·kg⁻¹)	化学反应㶲 /(MJ·kg⁻¹)	灰分扩散㶲 /(kJ·kg⁻¹)	气体扩散㶲 /(kJ·kg⁻¹)	产物扩散㶲 /(kJ·kg⁻¹)	化学㶲 /(MJ·kg⁻¹)
1	−131.09	16.11	82.5	669.74	752.24	16.73
2	−128.84	15.00	80.31	706.97	787.28	15.66
3	−140.57	16.72	57.18	773.80	830.98	17.41
4	−110.14	13.44	65.6	662.71	728.31	14.06
5	−137.66	16.09	79.83	695.18	775.01	16.73
6	−122.04	14.72	45.91	657.29	703.20	15.31
7	−130.41	15.41	43.34	682.20	725.54	16.00
8	−141.59	16.92	21.9	712.26	734.16	17.51
9	−137.22	15.27	1.91	680.98	682.89	15.82
10	−125.99	15.16	52.53	631.96	684.49	15.71
11	−138.64	16.07	82.37	660.60	742.97	16.67
12	−133.62	14.42	51.62	659.47	711.09	15.00
13	−122.91	14.49	61.32	603.88	665.20	15.04
14	−124.08	15.44	55.49	591.60	647.09	15.97
15	−110.02	12.79	51.91	547.26	599.17	13.28
16	−134.92	16.08	31.65	669.76	701.41	16.65
17	−138.95	16.37	59.03	664.30	723.33	16.95
18	−80.95	10.12	44.19	502.67	546.86	10.59
19	−152.72	15.88	48.98	701.42	750.40	16.48
20	−134.32	14.38	79.52	682.00	761.52	15.00
21	−83.62	10.40	44.27	468.51	512.78	10.83
22	−128.72	14.17	7.12	635.65	642.77	14.69
23	−99.66	12.07	46.49	569.86	616.35	12.59
24	−134.05	15.30	37.48	656.71	694.19	15.86
25	−131.86	15.75	55.72	650.46	706.18	16.33
26	−130.19	15.22	39.66	656.25	695.91	15.78
27	−141.16	17.47	48.65	684.44	733.09	18.06
28	−84.15	12.20	89.21	466.12	555.33	12.67

6.3.2　稻壳燃料的化学反应㶲

图 6.3 所示为 28 种稻壳燃料的化学反应㶲,具体数值见表 6.6。28 种稻壳燃料的化学反应㶲在 10.12～17.47 MJ/kg 之间。第 18 种稻壳燃料的化学反应㶲最低;第 27 种稻壳燃料的化学反应㶲最高。

生物质燃料的化学反应㶲主要由其热值决定。第 18 种稻壳燃料的化学反应㶲最低,主要是由于其高位热值(9.74 MJ/kg)最低;第 27 种稻壳燃料的化学反应㶲最高,主要是由于其高位热值(17.29 MJ/kg)和低位热值(16.20 MJ/kg)最高。

28 种稻壳燃料的化学反应㶲比 64 种木质生物质燃料的化学反应㶲更集中一些,是由于 28 种稻壳燃料的热值比 64 种木质生物质燃料的热值更集中一些。

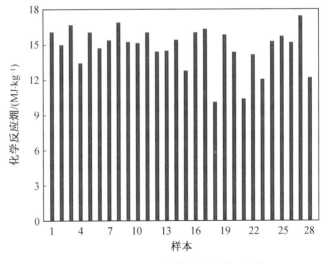

图 6.3　28 种稻壳燃料的化学反应㶲

6.3.3　稻壳燃料的产物扩散㶲

稻壳燃料的产物扩散㶲包括灰分扩散㶲和气体扩散㶲,其为灰分扩散㶲和气体扩散㶲之和。

图 6.4 所示为 28 种稻壳燃料的灰分扩散㶲,具体数值见表 6.6。28 种稻壳燃料的灰分扩散㶲在 1.91～89.21 kJ/kg 之间。第 9 种稻壳燃料的灰分扩散㶲最低;第 28 种稻壳燃料的灰分扩散㶲最高。稻壳燃料的灰分扩散㶲由其灰分质量分数和灰分化学㶲共同决定。28 种稻壳燃料的灰分扩散㶲比 64 种木质生物

质燃料的灰分扩散㶲更集中一些。

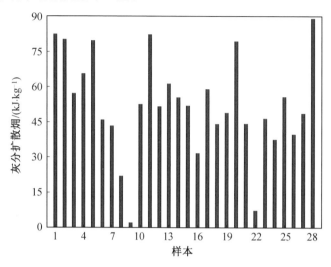

图 6.4 28 种稻壳燃料的灰分扩散㶲

图 6.5 所示为 28 种稻壳燃料的气体扩散㶲,具体数值见表 6.6。28 种稻壳燃料的气体扩散㶲在 466.12~773.80 kJ/kg 之间。第 28 种稻壳燃料的气体扩散㶲最低;第 3 种稻壳燃料的气体扩散㶲最高。稻壳的气体扩散㶲主要由气体的质量浓度决定。28 种稻壳燃料的气体扩散㶲比 64 种木质生物质燃料的气体扩散㶲更集中一些。

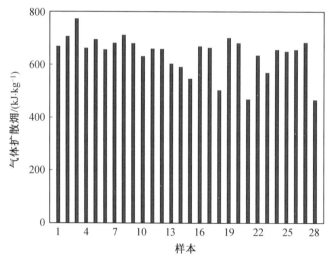

图 6.5 28 种稻壳燃料的气体扩散㶲

图 6.6 所示为 28 种稻壳燃料的产物扩散㶲,具体数值见表 6.6。28 种稻壳燃料的产物扩散㶲在 512.78～830.98 kJ/kg 之间。第 21 种稻壳燃料的产物扩散㶲最低;第 3 种稻壳燃料的产物扩散㶲最高。稻壳燃料的产物扩散㶲为灰分扩散㶲和气体扩散㶲之和,第 21 种稻壳燃料的产物扩散㶲最低,是由于其气体扩散㶲和灰分扩散㶲较低;第 3 种稻壳燃料的产物扩散㶲最高,是由于其有气体扩散㶲最高和灰分扩散㶲较高。28 种稻壳燃料的产物扩散㶲比 64 种木质生物质燃料的产物扩散㶲更集中一些。

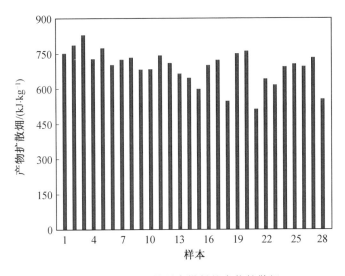

图 6.6 28 种稻壳燃料的产物扩散㶲

6.3.4 稻壳燃料的化学㶲

图 6.7 所示为 28 种稻壳燃料的化学㶲,具体数值见表 6.6。28 种稻壳燃料的化学㶲在 10.59～18.06 MJ/kg 之间。第 18 种稻壳燃料的化学㶲最低;第 27 种稻壳燃料的化学㶲最高。

28 种稻壳燃料的化学㶲由其氧气分离㶲、化学反应㶲和产物扩散㶲共同决定。第 18、27 种稻壳燃料的化学㶲分别最低和最高,与第 18、27 种稻壳燃料的化学反应㶲分别最低和最高一致,主要是因为稻壳燃料的化学反应㶲远高于其氧气分离㶲和产物扩散㶲。

28 种稻壳燃料的化学㶲比 64 种木质生物质燃料的化学㶲更集中,主要是由各自的热值决定的。

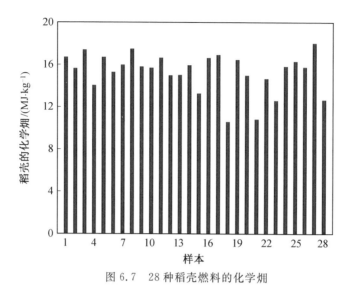

图 6.7　28 种稻壳燃料的化学㶲

6.4　稻壳燃料化学㶲的分布

　　在稻壳燃料氧气分离㶲、化学反应㶲、产物扩散㶲和化学㶲(总㶲)的基础上，可以计算稻壳燃料氧气分离㶲、化学反应㶲和产物扩散㶲的比例，从而获得稻壳燃料化学㶲的分布特性。

　　本节中稻壳燃料氧气分离㶲、化学反应㶲和产物扩散㶲的比例分别由式 (5.1)~(5.3)计算获得。

6.4.1　稻壳燃料氧气分离㶲的比例

　　图 6.8 所示为 28 种稻壳燃料氧气分离㶲的比例，具体数值见表 6.7。表 6.7 中的氧气分离㶲数值为负值，表示外界对系统做功。

　　28 种稻壳燃料氧气分离㶲的比例在-0.66%~-0.93%之间。第 28 种稻壳燃料氧气分离㶲的比例最低；第 19 种稻壳燃料氧气分离㶲的比例最高。

　　由生物质燃料氧气分离㶲的比例定义式(5.1)可知，生物质燃料氧气分离㶲的比例由其氧气分离㶲的数值和化学㶲的数值共同决定。因此，28 种稻壳燃料氧气分离㶲的比例也由其氧气分离㶲的数值和化学㶲的数值共同决定。

　　28 种稻壳燃料氧气分离㶲的比例与 64 种木质生物质燃料氧气分离㶲的比例相近。

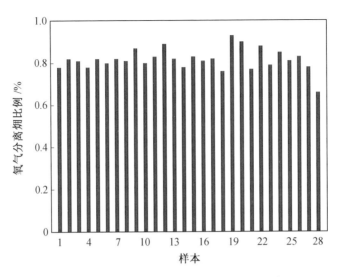

图 6.8　28 种稻壳燃料氧气分离㶲的比例

表 6.7　28 种稻壳燃料的化学㶲分布 %

编号	氧气分离㶲	化学反应㶲	产物扩散㶲
1	−0.78	96.29	4.49
2	−0.82	95.79	5.04
3	−0.81	96.04	4.77
4	−0.78	95.59	5.19
5	−0.82	96.17	4.65
6	−0.80	96.15	4.65
7	−0.82	96.31	4.50
8	−0.81	96.63	4.18
9	−0.87	96.52	4.34
10	−0.80	96.50	4.30
11	−0.83	96.40	4.43
12	−0.89	96.13	4.76
13	−0.82	96.34	4.47
14	−0.78	96.68	4.10

续表6.7

编号	氧气分离㶲	化学反应㶲	产物扩散㶲
15	−0.83	96.31	4.52
16	−0.81	96.58	4.23
17	−0.82	96.58	4.24
18	−0.76	95.56	5.20
19	−0.93	96.36	4.57
20	−0.90	95.87	5.03
21	−0.77	96.03	4.74
22	−0.88	96.46	4.42
23	−0.79	95.87	4.92
24	−0.85	96.47	4.38
25	−0.81	96.45	4.36
26	−0.83	96.45	4.37
27	−0.78	96.73	4.05
28	−0.66	96.29	4.37

6.4.2　稻壳燃料化学反应㶲的比例

图 6.9 所示为 28 种稻壳燃料化学反应㶲的比例,具体数值见表 6.7。28 种稻壳燃料化学反应㶲的比例在 95.56%～96.73% 之间。第 18 种稻壳燃料化学反应㶲的比例最低;第 27 种稻壳燃料化学反应㶲的比例最高。

由生物质燃料化学反应㶲的比例定义式(5.2)可知,生物质燃料化学反应㶲的比例由其化学反应㶲的数值和化学㶲的数值共同决定。因此,28 种稻壳燃料化学反应㶲的比例也由其化学反应㶲的数值和化学㶲的数值共同决定。

28 种稻壳燃料化学反应㶲的比例与 64 种木质生物质燃料化学反应㶲的比例相近。

6.4.3　稻壳燃料产物扩散㶲的比例

图 6.10 所示为 28 种稻壳燃料产物扩散㶲的比例,具体数值见表 6.7。28 种稻壳燃料产物扩散㶲的比例在 4.05%～5.20% 之间。第 27 种稻壳燃料产物扩

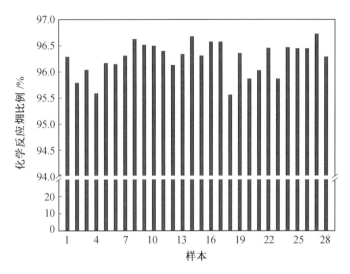

图 6.9　28 种稻壳燃料化学反应㶲的比例

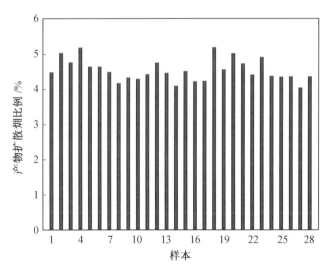

图 6.10　28 种稻壳燃料产物扩散㶲的比例

散㶲的比例最低;第 18 种稻壳燃料产物扩散㶲的比例最高。

　　由生物质燃料产物扩散㶲的比例定义式(5.3)可知,生物质燃料产物扩散㶲的比例由其产物扩散㶲的数值和化学㶲的数值共同决定。因此,28 种稻壳燃料产物扩散㶲的比例也由其产物扩散㶲的数值和化学㶲的数值共同决定。

　　28 种稻壳燃料产物扩散㶲的比例与 64 种木质生物质燃料产物扩散㶲的比

例相近。

6.4.4 稻壳燃料化学㶲的分布

图 6.11 所示为 28 种稻壳燃料化学㶲的分布,其氧气分离㶲、化学反应㶲和产物扩散㶲的比例见表 6.7。

28 种稻壳燃料的化学㶲的分布情况为:化学反应㶲(95.56%～96.73%)＞产物扩散㶲(4.05%～5.20%)＞氧气分离㶲(0.66%～0.93%),与 64 种木质生物质燃料的化学㶲的分布情况相似。同样,28 种稻壳燃料的化学㶲主要由其化学反应㶲决定。

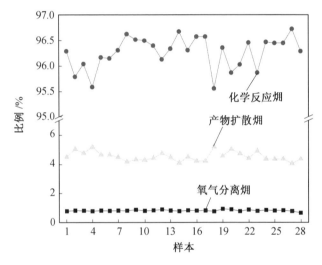

图 6.11　28 种稻壳燃料化学㶲的分布

6.5　稻壳燃料化学㶲的估算

28 种稻壳燃料化学㶲的分布特性表明,28 种稻壳燃料的化学㶲主要由其化学反应㶲决定,即主要由其热值决定。本节探求 28 种稻壳燃料的化学㶲与其热值的关联关系。

6.5.1 基于低位热值的经验公式

图 6.12 所示为 28 种稻壳燃料的低位热值和化学㶲。28 种稻壳燃料化学㶲

的变化趋势与其低位热值的变化趋势非常相似,因此,也可以考虑通过稻壳燃料的低位热值估算其化学㶲。

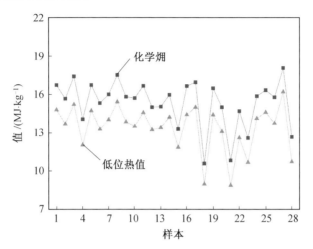

图 6.12　28 种稻壳燃料的低位热值和化学㶲

图 6.13 给出了 28 种稻壳燃料的化学㶲基于低位热值的估算,其经验关联式为

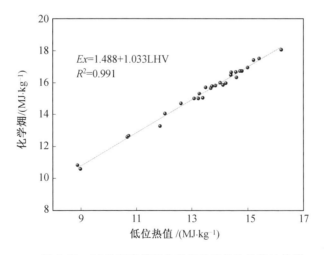

图 6.13　28 种稻壳燃料化学㶲基于低位热值的估算

$$Ex = 1.488 + 1.033 \text{LHV}(R^2 = 0.991) \tag{6.1}$$

式中　Ex——稻壳燃料的化学㶲,MJ/kg;

　　　　LHV——稻壳燃料的低位热值,MJ/kg。

图 6.14 给出了 28 种稻壳燃料的计算化学㶲基于低位热值的估算误差,计算化学㶲即稻壳燃料多过程化学㶲的计算值,估算化学㶲即通过经验关联式(6.1)计算的稻壳燃料的化学㶲。

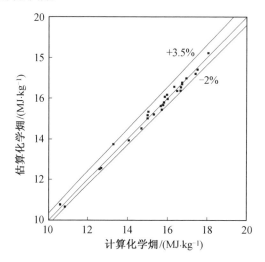

图 6.14　28 种稻壳燃料化学㶲基于低位热值的估算误差

28 种稻壳燃料基于低位热值的化学㶲估算分析见表 6.8。28 种稻壳燃料化学㶲的估算相对误差在 −1.78% ～ 3.34% 之间,表明经验关联式(6.1)可以较好地估算稻壳燃料的化学㶲。

表 6.8　28 种稻壳燃料基于低位热值的化学㶲估算分析

编号	计算化学㶲/(MJ · kg⁻¹)	估算化学㶲/(MJ · kg⁻¹)	相对误差/%
1	16.73	16.77	0.25
2	15.66	15.62	−0.23
3	17.41	17.21	−1.19
4	14.06	13.92	−0.98
5	16.73	16.70	−0.19
6	15.31	15.20	−0.70
7	16.00	15.97	−0.20
8	17.51	17.41	−0.56
9	15.82	15.80	−0.16
10	15.71	15.43	−1.78

续表6.8

编号	计算化学㶲/(MJ·kg⁻¹)	估算化学㶲/(MJ·kg⁻¹)	相对误差/%
11	16.67	16.55	−0.75
12	15.00	15.16	1.09
13	15.04	15.33	1.89
14	15.97	16.18	1.28
15	13.28	13.74	3.34
16	16.65	16.38	−1.66
17	16.95	16.98	0.19
18	10.59	10.77	1.66
19	16.48	16.36	−0.71
20	15.00	15.01	0.05
21	10.83	10.66	−1.59
22	14.69	14.52	−1.20
23	12.59	12.52	−0.59
24	15.86	16.07	1.33
25	16.33	16.57	1.45
26	15.78	15.67	−0.71
27	18.06	18.22	0.89
28	12.67	12.57	−0.81

6.5.2　基于高位热值的经验公式

图 6.15 所示为 28 种稻壳燃料的高位热值和化学㶲。28 种稻壳燃料化学㶲的变化趋势与其高位热值的变化趋势非常相似,因此,也可以考虑通过稻壳燃料的高位热值估算其化学㶲。

图 6.16 所示为 28 种稻壳燃料化学㶲基于高位热值的估算,其经验关联式为

$$Ex = 0.709 + 1.008\text{HHV}\quad(R^2 = 0.998) \tag{6.2}$$

式中　Ex——稻壳燃料的化学㶲,MJ/kg;

　　　HHV——稻壳燃料的高位热值,MJ/kg。

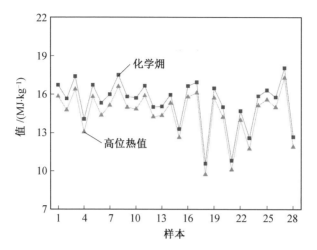

图 6.15　28 种稻壳燃料的高位热值和化学㶲

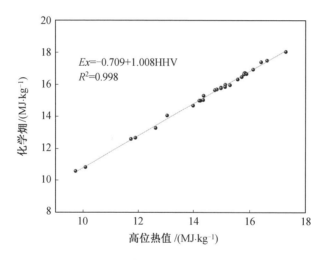

图 6.16　28 种稻壳燃料化学㶲基于高位热值的估算

　　图 6.17 给出了 28 种稻壳燃料化学㶲基于高位热值的估算误差,计算化学㶲即稻壳燃料多过程化学㶲的计算值,估算化学㶲即通过经验关联式(6.2)计算的稻壳燃料的化学㶲。

　　28 种稻壳燃料基于高位热值的化学㶲估算分析见表 6.9。28 种稻壳燃料化学㶲的估算误差在−1.43%～1.15%之间,表明经验关联式(6.2)可以较好地估算稻壳燃料的化学㶲。

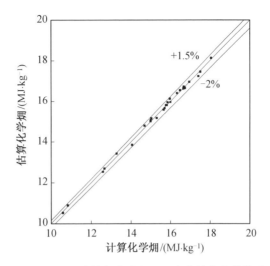

图 6.17　28 种稻壳燃料化学㶲基于高位热值的估算误差

表 6.9　28 种稻壳燃料基于高位热值的化学㶲估算分析

编号	计算化学㶲/$(MJ \cdot kg^{-1})$	估算化学㶲/$(MJ \cdot kg)$	相对误差/%
1	16.73	16.68	−0.33
2	15.66	15.59	−0.45
3	17.41	17.24	−0.97
4	14.06	13.86	−1.43
5	16.73	16.65	−0.47
6	15.31	15.18	−0.86
7	16.00	15.97	−0.22
8	17.51	17.46	−0.30
9	15.82	15.81	−0.07
10	15.71	15.66	−0.32
11	16.67	16.72	0.32
12	15.00	15.06	0.42
13	15.04	15.16	0.82
14	15.97	16.13	1.02
15	13.28	13.44	1.15

续表6.9

编号	计算化学㶲/(MJ·kg⁻¹)	估算化学㶲/(MJ·kg)	相对误差/%
16	16.65	16.63	−0.10
17	16.95	16.96	0.06
18	10.59	10.52	−0.65
19	16.48	16.55	0.45
20	15.00	15.02	0.16
21	10.83	10.88	0.48
22	14.69	14.80	0.76
23	12.59	12.54	−0.39
24	15.86	15.96	0.61
25	16.33	16.41	0.49
26	15.78	15.81	0.18
27	18.06	18.13	0.40
28	12.67	12.70	0.26

6.6　本章小结

本章研究了 28 种稻壳燃料的多过程化学㶲特性。28 种稻壳燃料的氧气分离㶲、化学反应㶲、产物扩散㶲和化学㶲(总㶲)分别为 80.95～152.72 kJ/kg、10.12～17.47 MJ/kg、512.78～830.98 kJ/kg 和 10.59～18.06 MJ/kg。

28 种稻壳燃料的化学㶲分布特性为:化学反应㶲(95.56%～96.73%)＞产物扩散㶲(4.05%～5.20%)＞氧气分离㶲(0.66%～0.93%)。

本章提出了基于低位热值估算稻壳燃料化学㶲的经验公式,28 种稻壳燃料化学㶲的估算误差在−1.78%～3.34%之间。提出了基于高位热值估算稻壳燃料化学㶲的经验公式,28 种稻壳燃料化学㶲的估算误差在−1.43%～1.15%之间。

本章参考文献

[1] ZHANG Y，GHALY A E，LI B. Physical properties of rice residues as affected by variety and climatic and cultivation conditions in three continents[J]. American Journal of Applied Sciences，2012，9（11）：1757-1768.

[2] ZHANG Y，WANG Q，LI B，et al. Is there a general relationship between the exergy and HHV for rice residues？[J]. Renewable Energy，2018，117：37-45.

[3] ZHANG Y，LI B. Biomass gasification：fundamentals，experiments，and simulation[M]. New York：Nova Science Publishers，2020.

[4] ZHANG Y，ZHAO Y，GAO X，et al. Energy and exergy analyses of syngas produced from rice husk gasification in an entrained flow reactor [J]. Journal of Cleaner Production，2015，95：273-280.

[5] WANG X，LV W，GUO L，et al. Energy and exergy analysis of rice husk high-temperature pyrolysis[J]. International Journal of Hydrogen Energy，2016，41(46)：21121-21130.

[6] JENKINS B M，BAXTER L L，MILES JR T R，et al. Combustion properties of biomass[J]. Fuel Processing Technology，1998，54（1-3）：17-46.

[7] KUMAGAI S，SHIMIZU Y，TOIDA Y，et al. Removal of dibenzothiophenes in kerosene by adsorption on rice husk activated carbon[J]. Fuel，2009，88（10）：1975-1982.

[8] VASSILEV S V，VASSILEVA C G，BAXTER D. Trace element concentrations and associations in some biomass ashes[J]. Fuel，2014，129：292-313.

[9] ZHANG W，YUAN C，XU J，et al. Beneficial synergetic effect on gas production during co-pyrolysis of sewage sludge and biomass in a vacuum reactor[J]. Bioresource Technology，2015，183：255-258.

[10] CHEN G，DU G，MA W，et al. Production of amorphous rice husk ash in a 500 kW fluidized bed combustor[J]. Fuel，2015，144：214-221.

[11] ALVAREZ J，LOPEZ G，AMUTIO M，et al. Bio-oil production from rice husk fast pyrolysis in a conical spouted bed reactor[J]. Fuel，2014，128：

162-169.

[12] ASSIS C F C, TENÓRIO J A S, ASSIS P S, et al. Experimental simulation and analysis of agricultural waste injection as an alternative fuel for blast furnace[J]. Energy & Fuels, 2014, 28(11):7268-7273.

[13] POTTMAIER D, COSTA M, FARROW T, et al. Comparison of rice husk and wheat straw: from slow and fast pyrolysis to char combustion [J]. Energy & Fuels, 2013, 27(11):7115-7125.

[14] FU P, YI W, BAI X, et al. Effect of temperature on gas composition and char structural features of pyrolyzed agricultural residues[J]. Bioresource Technology, 2011, 102(17):8211-8219.

[15] ZHANG Y, GHALY A E, LI B. Comprehensive investigation into the exergy values of six rice husks[J]. American Journal of Engineering and Applied Sciences, 2013, 6 (2):16-22.

[16] MANSARAY K G, GHALY A E. Physical and thermochemical properties of rice husk[J]. Energy Sources, 1997, 19(9):989-1004.

[17] NATARAJAN E, ÖHMAN M, GABRA M, et al. Experimental determination of bed agglomeration tendencies of some common agricultural residues in fluidized bed combustion and gasification[J]. Biomass and Bioenergy, 1998, 15(2):163-169.

[18] GUERRERO M, RUIZ M P, MILLERA Á, et al. Characterization of biomass chars formed under different devolatilization conditions: differences between rice husk and eucalyptus[J]. Energy & Fuels, 2008, 22(2):1275-1284.

[19] ARMESTO L, BAHILLO A, VEIJONEN K, et al. Combustion behaviour of rice husk in a bubbling fluidised bed[J]. Biomass and Bioenergy, 2002, 23 (3):171-179.

[20] SKRIFVARS B J, YRJAS P, KINNI J, et al. The fouling behavior of rice husk ash in fluidized-bed combustion. 1. fuel characteristics [J]. Energy & Fuels, 2005, 19(4):1503-1511.

[21] WANG G, SILVA R B, AZEVEDO J L T, et al. Evaluation of the combustion behaviour and ash characteristics of biomass waste derived fuels, pine and coal in a drop tube furnace[J]. Fuel, 2014, 117:809-824.

[22] SHENG S, XIANG J, SONG H, et al. Process evaluation and detailed

characterization of biomass reburning in a single-burner furnace[J]. Energy & Fuels, 2012, 26(1):302-312.

[23] SHEN Y, CHEN M, SUN T, et al. Catalytic reforming of pyrolysis tar over metallic nickel nanoparticles embedded in pyrochar[J]. Fuel, 2015, 159:570-579.

[24] RAJ T, KAPOOR M, GAUR R, et al. Physical and chemical characterization of various Indian agriculture residues for biofuels production[J]. Energy & Fuels, 2015, 29(5):3111-3118.

[25] ZHOU H, ZHANG H, LI L, et al. Ash deposit shedding during co-combustion of coal and rice hull using a digital image technique in a pilot-scale furnace[J]. Energy & Fuels, 2013, 27(11):7126-7137.

[26] MADHIYANON T, SATHITRUANGSAK P, SOPONRONNARIT S. Co-combustion of rice husk with coal in a cyclonic fluidized-bed combustor (Ψ-FBC)[J]. Fuel, 2009, 88(1):132-138.

[27] SATHITRUANGSAK P, MADHIYANON T, SOPONRONNARIT S. Rice husk co-firing with coal in a short-combustion-chamber fluidized-bed combustor (SFBC)[J]. Fuel, 2009, 88(8):1394-1402.

[28] MADHIYANON T, SATHITRUANGSAK P, SOPONRONNARIT S. Co-firing characteristics of rice husk and coal in a cyclonic fluidized-bed combustor (Ψ-FBC) under controlled bed temperatures[J]. Fuel, 2011, 90(6):2103-2112.

[29] HAYKIRI-ACMA H, YAMAN S, KUCUKBAYRAK S. Effect of biomass on temperatures of sintering and initial deformation of lignite ash[J]. Fuel, 2010, 89(10):3063-3068.

[30] ZHANG Y, GHALY A E, LI B. Physical properties of wheat straw varieties cultivated under different climatic and soil conditions in three continents[J]. American Journal of Engineering and Applied Sciences, 2012, 5(2):98-106.

[31] ZHANG Y, GHALY A E, LI B. Availability and physical properties of residues from major agricultural crops for energy conversion through thermochemical processes[J]. American Journal of Agricultural and Biological Science, 2012, 7(3):312-321.

[32] ZHANG Y, GHALY A E, LI B. Availability and physical properties of

residues from major agricultural crops for energy conversion through thermochemical processes[J]. American Journal of Agricultural and Biological Science，2012，7(3):312-321.

[33] ZHANG Y，LI B，ZHANG H. Exergy of biomass[M]. New York：Nova Science Publishers，2020.

第7章

稻草燃料的化学㶲

稻 草是禾本科植物水稻的茎叶,是水稻生长、加工等过程中大米和稻壳以外的一种重要废弃物。每年 4 亿~5 亿 t 的世界大米产量能产生大量的稻草燃料,为人类生活、发展提供巨大能量。本章基于 24 种稻草燃料的水分、灰分成分、元素成分、热值等基本特性,详细研究稻草燃料的氧气分离㶲、化学反应㶲、产物扩散㶲和化学㶲(总㶲)等多过程化学㶲特性,并通过计算氧气分离㶲、化学反应㶲和产物扩散㶲占化学㶲的比例来研究稻草燃料化学㶲的分布特性。在此基础上,提出基于低位热值和高位热值估算稻草燃料化学㶲的新经验公式,并研究相对误差以分析新经验公式的精度。

7.1 概　　述

稻草是禾本科植物水稻的茎叶,是水稻生长、加工等过程中大米和稻壳以外的一种重要废弃物。稻草有广泛的用途,可以用来结绳索、织草鞋、造纸浆,还可以用作草房盖、铺床料、饲料、燃料等。

基于世界 2001—2020 年大米的产量,可以估算相应的稻草产量。假设加工获得 1 kg 的大米会产生 1.25 kg 的稻草,每年 4 亿～5 亿 t 的世界大米产量能产生大量的稻草。图 7.1 所示为 2001—2020 年世界稻草的产量,其值在 4.76 亿～6.32 亿 t 之间波动,20 年的平均增长率为 8.32×10^6 t/a。如果稻草的热值按 19 MJ/kg 计算,630 百万 t 的世界稻草产量可提供 11.97 EJ 的能量,约为稻壳所能提供能量的 3.2 倍。

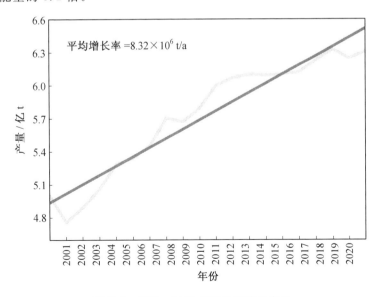

图 7.1　2001—2020 年世界稻草的产量

㶲分析已广泛应用于稻草燃料能量特性、燃烧系统、气化系统等的深入分析。稻草燃料的化学㶲是对稻草燃料的能量特性、燃烧系统、气化系统等进行㶲分析的基础。因此,本章开展稻草燃料化学㶲的深入研究。

7.2　稻草燃料的基本特性

　　稻草燃料的基本特性主要包括水分、粒径、空隙率等物理特性和元素成分、灰分成分、热值等化学特性。稻草燃料的水分、灰分成分、元素成分、热值等基本特性是计算稻草燃料化学㶲的基础,因此在本节中做详细陈述。

7.2.1　稻草燃料样品的基本信息

　　选用 24 种稻草燃料样品,其基本信息见表 7.1。24 种稻草样品主要来源于中国(9 种,含台湾地区 1 种)、美国(7 种)等国家。

表 7.1　24 种稻草燃料的基本信息

编号	产地(国家和地区)	编号	产地(国家和地区)
1	N	13	西班牙
2	美国	14	美国
3	美国	15	美国
4	美国	16	中国
5	日本	17	中国台湾
6	中国	18	美国
7	中国	19	葡萄牙
8	中国	20	埃及
9	中国	21	美国
10	中国	22	芬兰
11	中国	23	印度
12	中国	24	西班牙

注:N 表示未知。

7.2.2 稻草燃料的水分

24 种稻草燃料的水分和灰分(收到基数据)见表 7.2。24 种稻草燃料的水分在 0.00%~13.60%之间,与 28 种稻壳燃料的水分(0.00%~11.20%)相似,比 64 种木质生物质燃料的水分(0.00%~63%)更集中一些,小一些。

稻草燃料的水分主要受燃料来源、存储方式、存储时间、加工方式、加工过程、测定方法、测定条件等因素影响。

表 7.2　24 种稻草燃料的水分和灰分(收到基数据)　　　　%

编号	水分	灰分
1	0.00	18.67
2	0.00	20.87
3	0.00	17.89
4	0.00	18.30
5	0.00	14.00
6	0.00	9.60
7	2.39	7.98
8	4.34	15.19
9	4.99	13.87
10	5.52	12.38
11	5.68	14.11
12	5.84	16.24
13	7.30	9.80
14	7.50	20.44
15	8.00	17.02
16	8.13	14.57
17	8.25	12.26
18	8.50	16.72
19	8.90	14.70
20	8.94	9.88

续表7.2

编号	水分	灰分
21	9.00	20.03
22	10.00	13.50
23	10.00	12.33
24	13.60	6.39

7.2.3 稻草燃料的灰分成分

24 种稻草燃料的灰分（收到基数据）见表 7.2。24 种稻草燃料灰分的收到基数据在 6.39%～20.87%之间，与 28 种稻壳燃料灰分的收到基数据（8.93%～23.06%）相似，比 64 种木质生物质燃料灰分的收到基数据（0.09%～29.73%）更集中。

稻草燃料的灰分主要由燃料本身决定，水分对灰分的收到基数据也有一定影响，例如第 24 种稻草燃料水分质量分数最高，其灰分质量分数最低，水分的增加会降低灰分的收到基数据。

稻草燃料的灰分主要含有 Al_2O_3、CaO、Fe_2O_3、K_2O、MgO、MnO、Na_2O、P_2O_5、SO_3、SiO_2、TiO_2 等氧化物。24 种稻草燃料的灰分成分数据见表 7.3。24 种稻草燃料灰分中，氧化物 Al_2O_3、CaO、Fe_2O_3、K_2O、MgO、MnO、Na_2O、P_2O_5、SO_3、SiO_2、TiO_2 的质量分数分别为 0.00%～7.70%、0.00%～24.10%、0.00%～2.90%、1.32%～38.92%、0.00%～5.52%、0.00%～1.60%、0.00%～4.68%、0.00%～4.79%、0.00%～6.30%、11.09%～89.12%和 0.00%～0.40%。稻草燃料灰分成分的质量分数主要受水稻的种类、产地和生产过程等因素影响。

24 种稻草燃料灰分的主要成分为 SiO_2（11.09%～89.12%）、K_2O（1.32%～38.92%）、CaO（0.00%～24.10%）、Al_2O_3（0.00%～7.70%）、SO_3（0.00%～6.30%）、MgO（0.00%～5.52%）、P_2O_5（0.00%～4.79%）、Na_2O（0.00%～4.68%）、Fe_2O_3（0.00%～2.90%）和 MnO（0.00%～1.60%），还有少量的 TiO_2（0.00%～0.40%）。

24 种稻草燃料灰分成分的质量分数与 28 种稻壳燃料灰分成分的质量分数类似，其中一个主要的区别是稻草燃料含有较少的 SiO_2，有利于减少灰分的高温结渣。

表 7.3　24 种稻草燃料的灰分成分数据　　　　　　　　　　　　%

编号	Al₂O₃	CaO	Fe₂O₃	K₂O	MgO	MnO	Na₂O	P₂O₅	SO₃	SiO₂	TiO₂
1	1.04	3.01	0.85	12.30	1.75	—	0.96	1.41	1.24	74.67	0.09
2	0.07	2.08	0.26	11.80	2.06	—	2.71	1.78	1.11	72.28	0.02
3	1.19	2.47	0.43	1.39	1.35	—	0.32	0.49	0.41	89.12	0.05
4	0.42	1.84	0.20	8.25	1.74	0.32	3.39	1.28	—	69.02	0.02
5	—	—	2.36	26.85	—	0.51	—	2.42	3.19	53.21	—
6	—	8.20	—	23.00	2.40	1.60	—	3.80	6.30	54.70	—
7	0.82	3.23	0.62	21.32	3.02	—	1.21	1.34	—	46.25	—
8	0.34	3.89	0.52	20.45	2.74	—	0.74	2.08	3.09	58.81	—
9	1.94	10.12	0.98	19.40	2.47	—	1.98	1.93	4.95	56.23	—
10	0.19	12.88	1.26	17.78	5.52	—	4.68	1.45	1.60	50.06	—
11	0.93	4.37	0.29	16.12	3.58	—	0.21	4.79	—	66.47	0.04
12	1.65	4.23	0.72	13.27	1.86	—	1.49	—	—	58.91	—
13	1.60	20.60	0.60	17.80	2.30	0.10	0.90	2.50	—	53.51	0.11
14	0.11	2.05	0.08	12.49	1.81	0.34	0.18	0.63	—	75.16	0.01
15	0.38	2.16	0.26	1.99	0.72	0.22	1.55	0.49	—	85.43	0.04
16	—	4.54	1.08	13.79	2.92	0.40	1.73	1.86	3.36	70.34	—
17	0.36	2.60	0.40	19.45	1.47	0.26	1.20	4.74	—	69.52	—
18	0.07	1.65	0.22	16.60	1.49	—	0.42	1.86	0.86	72.23	—
19	7.70	24.10	2.90	15.10	3.70	—	0.80	3.40	2.60	34.30	0.40
20	1.13	9.23	0.14	38.92	1.96	0.04	2.16	1.63	—	44.72	0.03
21	4.35	2.46	2.42	1.99	1.64	—	0.63	0.78	0.42	82.23	0.25
22	0.30	3.50	0.20	15.30	3.50	0.60	0.40	1.50	—	69.90	0.01
23	0.14	0.28	0.10	1.32	0.48	—	0.16	0.12	—	11.09	0.00
24	0.40	8.90	0.20	12.50	4.60	—	0.50	2.10	3.10	55.00	—

7.2.4 稻草燃料的元素成分

24 种稻草燃料元素成分(收到基数据)见表 7.4。24 种稻草燃料的元素成分主要包括 C、H、O、N、S 等。

24 种稻草燃料 C、H、O、N 和 S 的质量分数分别为 30.20%~44.20%、3.29%~6.51%、31.30%~51.00%、0.18%~1.25% 和 0.00%~0.60%。24 种稻草燃料主要含有 O(31.30%~51.00%)、C(30.20%~44.20%)、H(3.29%~6.51%)等元素,还有少量的 N(0.18%~1.25%)和 S(0.00%~0.60%)等元素。24 种稻草燃料 C、H、O、N 和 S 的质量分数与 28 种稻壳燃料 C、H、O、N 和 S 的质量分数相似。

表 7.4　24 种稻草燃料的元素成分(收到基数据)　　　　　　　　　%

编号	C	H	O	N	S
1	38.20	5.20	36.30	0.87	0.20
2	37.90	4.61	35.80	0.63	0.10
3	39.50	4.76	37.20	0.53	0.10
4	39.70	5.20	36.10	0.70	0.04
5	30.20	4.56	51.00	0.34	0.00
6	44.20	4.70	40.70	0.81	0.00
7	42.73	5.32	40.36	1.06	0.16
8	39.87	5.46	33.60	1.25	0.29
9	39.80	5.36	34.80	1.04	0.10
10	35.30	4.91	41.00	0.73	0.20
11	38.10	5.25	36.00	0.86	0.00
12	38.70	6.51	31.30	1.08	0.30
13	39.70	4.57	38.00	0.46	0.10
14	35.60	3.29	33.60	0.51	0.10
15	35.70	4.78	33.50	0.96	0.06
16	37.27	5.68	33.51	0.71	0.12
17	36.10	4.99	37.40	0.79	0.20
18	36.30	4.25	33.30	0.66	0.10

续表7.4

编号	C	H	O	N	S
19	39.40	5.20	31.30	0.50	0.00
20	38.40	5.68	35.70	0.72	0.60
21	34.60	4.30	31.50	0.50	0.10
22	30.80	3.90	34.50	0.38	0.10
23	34.90	6.03	36.40	0.18	0.20
24	38.00	5.10	36.20	0.54	0.10

7.2.5 稻草燃料的热值

24 种稻草燃料的热值(收到基数据)见表 7.5。24 种稻草燃料的高位热值和低位热值分别为 10.34~19.94 MJ/kg 和 9.33~18.80 MJ/kg。

稻草燃料的高位热值和低位热值主要由其 C、H 等可燃元素的质量分数决定。通常,高位热值较高的燃料低位热值也较高,例如第 5 种稻草燃料的高位热值(10.34 MJ/kg)最低,同时低位热值(9.33 MJ/kg)最低,而第 19 种稻草燃料的高位热值(19.94 MJ/kg)最高,同时低位热值(18.80 MJ/kg)也最高。

与 28 种稻壳燃料的高位热值和低位热值相比,24 种稻草燃料高位热值和低位热值稍高。

整体来讲,稻壳燃料和稻草燃料的高位热值和低位热值低于木质生物质燃料,主要受燃料的元素成分(尤其是 C、H 等可燃元素成分)影响,也受水分质量分数、灰分质量分数的影响。

表 7.5 24 种稻草燃料的热值(收到基数据)   MJ/kg

编号	高位热值(HHV)	低位热值(LHV)
1	15.09	13.95
2	14.75	13.74
3	15.15	14.10
4	15.86	14.72
5	10.34	9.33
6	14.37	13.34

续表7.5

编号	高位热值(HHV)	低位热值(LHV)
7	16.84	15.62
8	16.57	15.26
9	16.32	15.02
10	13.62	12.40
11	15.46	14.17
12	17.64	16.06
13	15.37	14.19
14	12.41	11.50
15	14.27	13.02
16	15.94	14.49
17	14.00	12.70
18	13.81	12.67
19	19.94	18.80
20	15.35	14.10
21	13.56	12.39
22	11.51	10.65
23	14.58	13.01
24	14.77	13.65

7.3　稻草燃料的化学㶲

基于第4章中生物质燃料化学㶲的修正式(4.15),本节研究稻草燃料的多过程㶲特性。

7.3.1　稻草燃料的氧气分离㶲

图7.2所示为24种稻草燃料的氧气分离㶲,具体数值见表7.6(图7.2中氧

气分离㶲的数值取绝对值)。

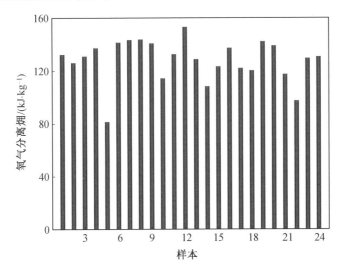

图 7.2　24 种稻草燃料的氧气分离㶲

24 种稻草燃料的氧气分离㶲在 $-81.54 \sim -153.52$ kJ/kg 之间。第 5 种稻草燃料的氧气分离㶲最低;第 12 种稻草燃料的氧气分离㶲最高。24 种稻草燃料的氧气分离㶲与 28 种稻壳燃料的氧气分离㶲非常近似,比 64 种木质生物质燃料的氧气分离㶲更集中一些。

24 种稻草燃料氧气分离㶲的大小主要取决于稻草燃料中 C、H、O 等元素质量分数的大小(表 7.6)。

表 7.6　24 种稻草燃料的化学㶲

编号	氧气分离㶲 /(kJ·kg^{-1})	化学反应㶲 /(MJ·kg^{-1})	灰分扩散㶲 /(kJ·kg^{-1})	气体扩散㶲 /(kJ·kg^{-1})	产物扩散㶲 /(kJ·kg^{-1})	化学㶲 /(MJ·kg^{-1})
1	-132.62	15.39	163.24	676.37	839.61	16.09
2	-126.30	15.04	189.19	658.72	847.91	15.77
3	-131.32	15.46	56.50	685.79	742.29	16.07
4	-137.62	16.14	133.91	685.37	819.28	16.82
5	-81.54	10.88	200.30	520.92	721.22	11.52
6	-141.77	14.79	155.30	753.83	909.13	15.55
7	-143.67	17.24	97.78	748.19	845.97	17.94
8	-144.14	16.83	197.12	714.38	911.50	17.60

续表7.6

编号	氧气分离㶲 /(kJ·kg⁻¹)	化学反应㶲 /(MJ·kg⁻¹)	灰分扩散㶲 /(kJ·kg⁻¹)	气体扩散㶲 /(kJ·kg⁻¹)	产物扩散㶲 /(kJ·kg⁻¹)	化学㶲 /(MJ·kg⁻¹)
9	−141.21	16.59	209.57	693.96	903.53	17.36
10	−114.40	14.00	187.37	626.91	814.28	14.70
11	−132.91	15.74	156.57	655.35	811.92	16.42
12	−153.52	17.79	142.81	700.55	843.36	18.48
13	−129.12	15.70	141.73	688.18	829.91	16.40
14	−108.40	12.71	153.98	614.58	768.56	13.37
15	−123.53	14.53	60.30	619.47	679.77	15.09
16	−137.65	16.14	158.22	655.14	813.36	16.82
17	−122.27	14.32	150.67	640.58	791.25	14.99
18	−120.56	14.07	164.60	630.64	795.24	14.74
19	−142.51	20.11	237.87	676.29	914.16	20.89
20	−139.26	15.60	213.14	720.87	934.01	16.39
21	−117.68	13.77	85.33	602.55	687.88	14.34
22	−97.50	11.78	131.04	537.71	668.75	12.35
23	−129.83	14.77	12.35	624.79	637.14	15.28
24	−130.98	15.04	67.94	662.49	730.43	15.64

7.3.2 稻草燃料的化学反应㶲

图 7.3 所示为 24 种稻草燃料的化学反应㶲,具体数值见表 7.6。24 种稻草燃料的化学反应㶲在 10.88~20.11 MJ/kg 之间。第 5 种稻草燃料的化学反应㶲最低;第 19 种稻草燃料的化学反应㶲最高。

生物质燃料的化学反应㶲主要由其热值决定。第 5 种稻草燃料的化学反应㶲最低,是由于其高位热值和低位热值最低;第 19 种稻草燃料的化学反应㶲最高,是由于其高位热值和低位热值最高。

24 种稻草燃料的化学反应㶲略高于 28 种稻壳燃料的化学反应㶲,但比 64 种木质生物质燃料的化学反应㶲更集中一些,同样是由生物质燃料的热值决定的。

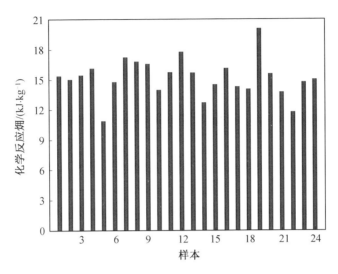

图 7.3　24 种稻草燃料的化学反应㶲

7.3.3　稻草燃料的产物扩散㶲

稻草燃料的产物扩散㶲包括灰分扩散㶲和气体扩散㶲,其为灰分扩散㶲和气体扩散㶲之和。

图 7.4 所示为 24 种稻草燃料的灰分扩散㶲,具体数值见表 7.6。24 种稻草燃料的灰分扩散㶲在 12.35～237.87 kJ/kg 之间。第 23 种稻草燃料的灰分扩散㶲最低;第 19 种稻草燃料的灰分扩散㶲最高。稻草燃料的灰分扩散㶲由其灰分质量分数和灰分化学㶲共同决定。整体上,24 种稻草燃料的灰分扩散㶲比 28 种稻壳燃料的灰分扩散㶲略高,比 64 种木质生物质燃料的灰分扩散㶲更集中一些。

图 7.5 所示为 24 种稻草燃料的气体扩散㶲,具体数值见表 7.6。24 种稻草燃料的气体扩散㶲在 520.92～753.83 kJ/kg 之间。第 5 种稻草燃料的气体扩散㶲最低;第 6 种稻草燃料的气体扩散㶲最高。稻草的气体扩散㶲主要由气体的质量浓度决定。24 种稻草燃料的气体扩散㶲比 28 种稻壳燃料的气体扩散㶲和 64 种木质生物质燃料的气体扩散㶲更集中一些。

图 7.6 所示为 24 种稻草燃料的产物扩散㶲,具体数值见表 7.6。24 种稻草燃料的产物扩散㶲在 637.14～934.01 kJ/kg 之间。第 23 种稻草燃料的产物扩散㶲最低;第 20 种稻草燃料的产物扩散㶲最高。稻草燃料的产物扩散㶲为灰分扩散㶲和气体扩散㶲之和,第 23 种稻草燃料的产物扩散㶲最低,是由于其灰分扩散㶲最低和气体扩散㶲较低;第 20 种稻草燃料的产物扩散㶲最高,是由于其气体

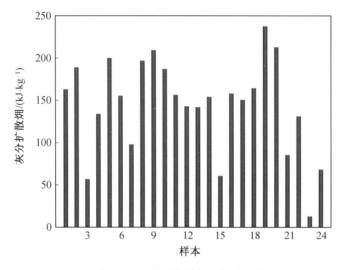

图 7.4　24 种稻草燃料的灰分扩散㶲

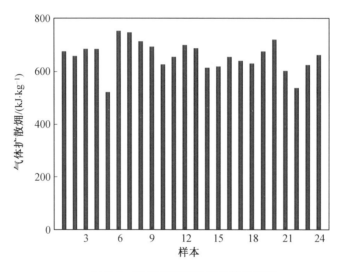

图 7.5　24 种稻草燃料的气体扩散㶲

扩散㶲和灰分扩散㶲较高。24 种稻草燃料的产物扩散㶲略高于 28 种稻壳燃料的产物扩散㶲,但比 64 种木质生物质燃料的产物扩散㶲更集中一些。

7.3.4　稻草燃料的化学㶲

图 7.7 所示为 24 种稻草燃料的化学㶲,具体数值见表 7.6。24 种稻草燃料

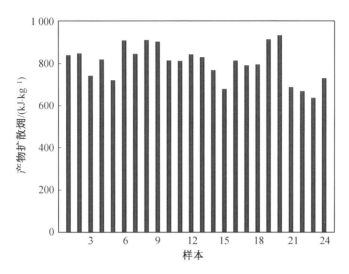

图 7.6　24 种稻草燃料的产物扩散㶲

的化学㶲在 11.52～20.89 MJ/kg 之间。第 5 种稻草燃料的化学㶲最低；第 19 种稻草燃料的化学㶲最高。

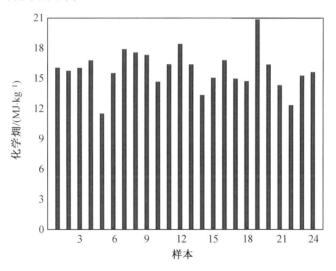

图 7.7　24 种稻草燃料的化学㶲

　　24 种稻草燃料的化学㶲由其氧气分离㶲、化学反应㶲和产物扩散㶲共同决定。第 5、19 种稻草燃料的化学㶲分别最低和最高，与图 7.3 中第 5、19 种稻草燃料的化学反应㶲分别最低和最高一致，主要是因为稻草燃料的化学反应㶲远高于其氧气分离㶲和产物扩散㶲。

24 种稻草燃料的化学㶲略高于 28 种稻壳燃料的化学㶲,但比 64 种木质生物质燃料的化学㶲更集中,主要是由各自的热值决定的。

7.4 稻草燃料化学㶲的分布

在稻草燃料氧气分离㶲、化学反应㶲、产物扩散㶲和化学㶲(总㶲)的基础上,可以计算稻草燃料氧气分离㶲、化学反应㶲和产物扩散㶲的比例,从而获得稻草燃料化学㶲的分布特性。

本节中稻草燃料氧气分离㶲、化学反应㶲和产物扩散㶲的比例分别由式(5.1)~(5.3)计算获得。

7.4.1 稻草燃料氧气分离㶲的比例

图 7.8 所示为 24 种稻草燃料氧气分离㶲的比例,具体数值见表 7.7。表 7.7 中氧气分离㶲的数值为负值,表示外界对系统做功。

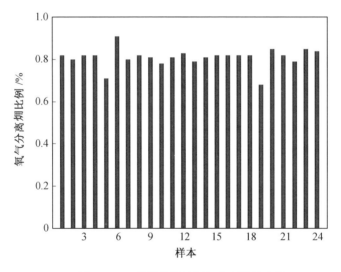

图 7.8 24 种稻草燃料氧气分离㶲的比例

表 7.7　24 种稻草燃料的化学㶲分布　　　　　　　　%

编号	氧气分离㶲	化学反应㶲	产物扩散㶲
1	−0.82	95.65	5.17
2	−0.80	95.37	5.43
3	−0.82	96.20	4.61
4	−0.82	95.96	4.86
5	−0.71	94.44	6.26
6	−0.91	95.11	5.80
7	−0.80	96.10	4.70
8	−0.82	95.63	5.19
9	−0.81	95.56	5.25
10	−0.78	95.24	5.54
11	−0.81	95.86	4.95
12	−0.83	96.27	4.56
13	−0.79	95.73	5.06
14	−0.81	95.06	5.75
15	−0.82	96.29	4.53
16	−0.82	95.96	4.86
17	−0.82	95.53	5.29
18	−0.82	95.45	5.36
19	−0.68	96.27	4.42
20	−0.85	95.18	5.67
21	−0.82	96.03	4.80
22	−0.79	95.38	5.40
23	−0.85	96.66	4.19
24	−0.84	96.16	4.67

24 种稻草燃料氧气分离㶲的比例在 0.68%～0.91% 之间。第 19 种稻草燃料氧气分离㶲的比例最低;第 6 种稻草燃料氧气分离㶲的比例最高。

由生物质燃料氧气分离㶲的比例定义式(5.1)可知,生物质燃料氧气分离㶲的比例由其氧气分离㶲的数值和化学㶲的数值共同决定。因此,24 种稻草燃料氧气分离㶲的比例也由其氧气分离㶲的数值和化学㶲的数值共同决定。

24 种稻草燃料氧气分离㶲的比例与 28 种稻壳燃料氧气分离㶲的比例和 64 种木质生物质燃料氧气分离㶲的比例相近。

7.4.2 稻草燃料化学反应㶲的比例

图 7.9 所示为 24 种稻草燃料化学反应㶲的比例,具体数值见表 7.7。24 种稻草燃料化学反应㶲的比例在 94.44%～96.66% 之间。第 5 种稻草燃料化学反应㶲的比例最低;第 23 种稻草燃料化学反应㶲的比例最高。

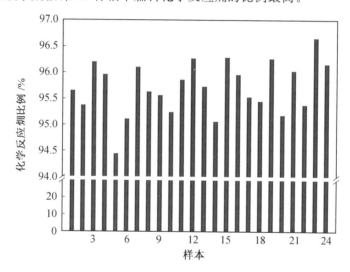

图 7.9 24 种稻草燃料化学反应㶲的比例

由生物质燃料化学反应㶲的比例定义式(5.2)可知,生物质燃料化学反应㶲的比例由其化学反应㶲的数值和化学㶲的数值共同决定。因此,24 种稻草燃料化学反应㶲的比例也由其化学反应㶲的数值和化学㶲的数值共同决定。

24 种稻草燃料化学反应㶲的比例与 28 种稻壳燃料化学反应㶲的比例和 64 种木质生物质燃料化学反应㶲的比例相近。

7.4.3　稻草燃料产物扩散㶲的比例

图 7.10 所示为 24 种稻草燃料产物扩散㶲的比例,具体数值见表 7.7。24 种稻草燃料产物扩散㶲的比例在 4.19％～6.26％之间。第 23 种稻草燃料产物扩散㶲的比例最低;第 5 种稻草燃料产物扩散㶲的比例最高。

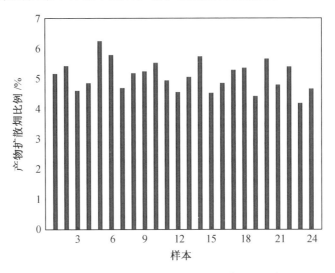

图 7.10　24 种稻草燃料产物扩散㶲的比例

由生物质燃料产物扩散㶲的比例定义式(5.3)可知,生物质燃料产物扩散㶲的比例由其产物扩散㶲的数值和化学㶲的数值共同决定。因此,24 种稻草燃料产物扩散㶲的比例也由其产物扩散㶲的数值和化学㶲的数值共同决定。

24 种稻草燃料产物扩散㶲的比例与 28 种稻壳燃料产物扩散㶲的比例和 64 种木质生物质燃料产物扩散㶲的比例相近。

7.4.4　稻草燃料化学㶲的分布

图 7.11 所示为 24 种稻草燃料化学㶲的分布,其氧气分离㶲、化学反应㶲和产物扩散㶲的分布数据见表 7.7。

24 种稻草燃料化学㶲的分布情况为:化学反应㶲(94.44％～96.66％)＞产物扩散㶲(4.19％～6.26％)＞氧气分离㶲(0.68％～0.91％),与 28 种稻壳燃料的化学㶲的分布情况相似:化学反应㶲(95.56％～96.73％)＞产物扩散㶲(4.05％～5.20％)＞氧气分离㶲(0.66％～0.93％),也与 64 种木质生物质燃料的化学㶲的分布情况相似。24 种稻草燃料的化学㶲主要由其化学反应㶲决定。

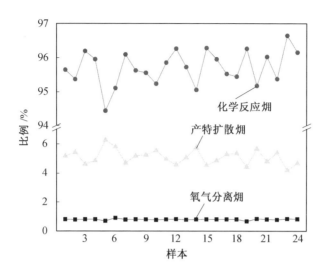

图 7.11　24 种稻草燃料化学㶲的分布

7.5　稻草燃料化学㶲的估算

24 种稻草燃料化学㶲的分布特性表明,24 种稻草燃料的化学㶲主要由其化学反应㶲决定,即主要由其热值决定。本节探求 24 种稻草燃料的化学㶲与其热值的关联关系。

7.5.1　基于低位热值的经验公式

图 7.12 所示为 24 种稻草燃料的低位热值和化学㶲。24 种稻草燃料化学㶲的变化趋势与其低位热值的变化趋势非常相似,因此,也可以考虑通过稻草燃料的低位热值估算其化学㶲。

图 7.13 所示为 24 种稻草燃料的化学㶲基于低位热值的估算,其经验关联式为

$$Ex = 1.625 + 1.039 LHV (R^2 = 0.993) \tag{7.1}$$

式中　Ex——稻草燃料的化学㶲,MJ/kg;

　　　　LHV——稻草燃料的低位热值,MJ/kg。

图 7.14 所示为 24 种稻草燃料化学㶲基于低位热值的估算误差,计算化学㶲即稻草燃料多过程化学㶲的计算值,估算化学㶲即通过经验关联式(7.1)计算的稻草燃料的化学㶲。

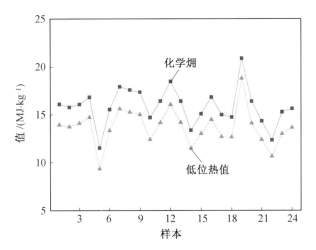

图 7.12　24 种稻草燃料的低位热值和化学㶲

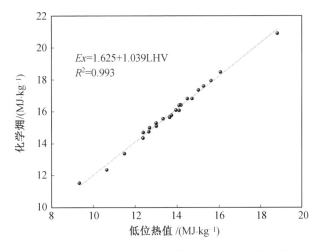

图 7.13　24 种稻草燃料化学㶲基于低位热值的估算

　　24 种稻草燃料基于低位热值的化学㶲估算分析见表 7.8。24 种稻草燃料化学㶲的估算相对误差在 −2.69% ～ 1.75% 之间,表明经验关联式(7.1)可以较好地估算稻草燃料的化学㶲。

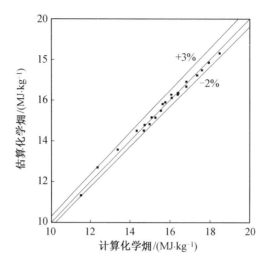

图 7.14　24 种稻草燃料化学㶲基于低位热值的估算误差

表 7.8　24 种稻草燃料基于低位热值的化学㶲估算分析

编号	计算化学㶲/(MJ·kg^{-1})	估算化学㶲/(MJ·kg^{-1})	相对误差/%
1	16.09	16.12	−0.16
2	15.77	15.90	−0.80
3	16.07	16.28	−1.28
4	16.82	16.92	−0.57
5	11.52	11.32	1.75
6	15.55	15.49	0.42
7	17.94	17.85	0.50
8	17.60	17.48	0.67
9	17.36	17.23	0.75
10	14.70	14.51	1.30
11	16.42	16.34	0.47
12	18.48	18.31	0.92
13	16.40	16.37	0.19
14	13.37	13.57	−1.50
15	15.09	15.15	−0.43

续表7.8

编号	计算化学㶲/(MJ·kg^{-1})	估算化学㶲/(MJ·kg^{-1})	相对误差/%
16	16.82	16.68	0.85
17	14.99	14.82	1.13
18	14.74	14.79	−0.31
19	20.89	21.16	−1.27
20	16.39	16.27	0.71
21	14.34	14.50	−1.11
22	12.35	12.69	−2.69
23	15.28	15.14	0.90
24	15.64	15.81	−1.07

7.5.2　基于高位热值的经验公式

图 7.15 所示为 24 种稻草燃料的高位热值和化学㶲。24 种稻草燃料化学㶲的变化趋势与其高位热值的变化趋势非常相似,因此,也可以考虑通过稻草燃料的高位热值估算其化学㶲。

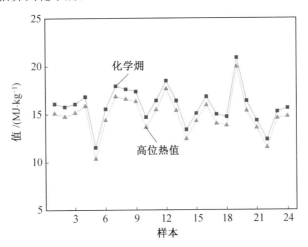

图 7.15　24 种稻草燃料的高位热值和化学㶲

图 7.16 所示为 24 种稻草燃料化学㶲基于高位热值的估算,其经验关联式为

$$Ex = 1.027 + 0.996HHV \quad (R^2 = 0.996) \tag{7.2}$$

式中　Ex——稻草燃料的化学㶲,MJ/kg;

　　　　HHV——稻草燃料的高位热值,MJ/kg。

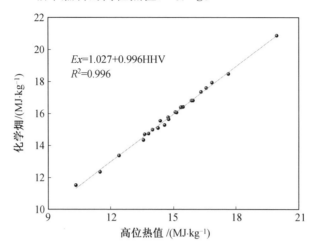

$$Ex=1.027+0.996HHV$$
$$R^2=0.996$$

图 7.16　24 种稻草燃料化学㶲基于高位热值的估算

图 7.17 所示为 24 种稻草燃料化学㶲基于高位热值的估算误差,计算化学㶲即稻草燃料多过程化学㶲的计算值(图 7.7),估算化学㶲即通过经验关联式(7.2)计算稻草燃料的化学㶲。

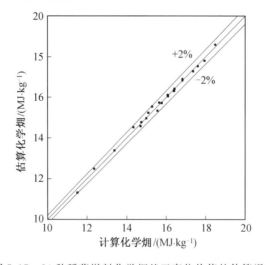

图 7.17　24 种稻草燃料化学㶲基于高位热值的估算误差

24 种稻草燃料基于高位热值的化学㶲估算分析见表 7.9。24 种稻草燃料化学㶲的估算误差在−1.76%~1.73%之间,表明经验关联式(7.2)可以较好地估算稻草燃料的化学㶲。

表 7.9　24 种稻草燃料基于高位热值的化学㶲估算分析

编号	计算化学㶲/(MJ·kg^{-1})	估算化学㶲/(MJ·kg^{-1})	相对误差/%
1	16.09	16.06	−0.21
2	15.77	15.72	−0.33
3	16.07	16.12	0.29
4	16.82	16.82	0.03
5	11.52	11.32	−1.76
6	15.55	15.34	−1.35
7	17.94	17.80	−0.77
8	17.60	17.53	−0.41
9	17.36	17.28	−0.46
10	14.70	14.59	−0.76
11	16.42	16.42	0.02
12	18.48	18.59	0.60
13	16.40	16.34	−0.38
14	13.37	13.38	0.11
15	15.09	15.24	0.98
16	16.82	16.90	0.47
17	14.99	14.97	−0.12
18	14.74	14.78	0.26
19	20.89	20.89	0.00
20	16.39	16.31	−0.46
21	14.34	14.53	1.32
22	12.35	12.49	1.12
23	15.28	15.55	1.73
24	15.64	15.74	0.63

7.6 本章小结

本章研究了 24 种稻草燃料的多过程化学㶲特性。24 种稻草燃料的氧气分离㶲、化学反应㶲、产物扩散㶲和化学㶲（总㶲）分别为 81.54～153.52 kJ/kg、10.88～20.11 MJ/kg、637.14～934.01 kJ/kg 和 11.52～20.89 MJ/kg。

24 种稻草燃料的化学㶲分布特性为：化学反应㶲（94.44%～96.66%）＞产物扩散㶲（4.19%～6.26%）＞氧气分离㶲（0.68%～0.91%）。

本章提出了基于低位热值估算稻草燃料化学㶲的经验公式，24 种稻草燃料化学㶲的估算误差在－2.69%～1.75% 之间。提出了基于高位热值估算稻壳燃料化学㶲的经验公式，24 种稻草燃料化学㶲的估算误差在－1.76%～1.73% 之间。

本章参考文献

[1] ZHANG Y，WANG Q，LI B，et al. Is there a general relationship between the exergy and HHV for rice residues？[J]. Renewable Energy，2018，117：37-45.

[2] HAEFELE S M，KONBOON Y，WONGBOON W，et al. Effects and fate of biochar from rice residues in rice-based systems [J]. Field Crops Research，2011，121(3)：430-440.

[3] ZHANG Y，LI B. Biomass gasification：fundamentals，experiments，and simulation[M]. New York：Nova Science Publishers，2020.

[4] RESTREPO Á，BAZZO E. Co-firing：an exergoenvironmental analysis applied to power plants modified for burning coal and rice straw[J]. Renewable Energy，2016，91：107-119.

[5] PARVEZ A M，MUJTABA I M，WU T. Energy，exergy and environmental analyses of conventional，steam and CO_2-enhanced rice straw gasification [J]. Energy，2016，94：579-588.

[6] RAJ T，KAPOOR M，GAUR R，et al. Physical and chemical characterization of various Indian agriculture residues for biofuels production[J]. Energy & Fuels，2015，29(5)：3111-3118.

[7] DAYTON D C, JENKINS B M, TURN S Q, et al. Release of inorganic constituents from leached biomass during thermal conversion[J]. Energy & Fuels, 1999, 13(4): 860-870.

[8] THY P, YU C, JENKINS B M, et al. Inorganic composition and environmental impact of biomass feedstock[J]. Energy & Fuels, 2013, 27(7): 3969-3987.

[9] RIZKIANA J, GUAN G, WIDAYATNO W B, et al. Effect of biomass type on the performance of cogasification of low rank coal with biomass at relatively low temperatures[J]. Fuel, 2014, 134: 414-419.

[10] XIAO L, ZHU X, LI X, et al. Effect of pressurized torrefaction pretreatments on biomass CO_2 gasification[J]. Energy & Fuels, 2015, 29(11): 7309-7316.

[11] BAI J, YU C, LI L, et al. Experimental study on the NO and N_2O formation characteristics during biomass combustion[J]. Energy & Fuels, 2013, 27(1): 515-522.

[12] LI H, HAN K, WANG Q, et al. Influence of ammonium phosphates on gaseous potassium release and ash-forming characteristics during combustion of biomass[J]. Energy & Fuels, 2015, 29(4): 2555-2563.

[13] LIU H, FENG Y, WU S, et al. The role of ash particles in the bed agglomeration during the fluidized bed combustion of rice straw[J]. Bioresource Technology, 2009, 100(24): 6505-6513.

[14] YANG T, MA J, LI R, et al. Ash melting behavior during co-gasification of biomass and polyethylene[J]. Energy&Fuels, 2014, 28(5): 3096-3101.

[15] FU P, YI W, BAI X, et al. Effect of temperature on gas composition and char structural features of pyrolyzed agricultural residues[J]. Bioresource Technology, 2011, 102(17): 8211-8219.

[16] LIAO Y, YANG G, MA X. Experimental study on the combustion characteristics and alkali transformation behavior of straw[J]. Energy&Fuels, 2012, 26(2): 910-916.

[17] GARCÍA R, PIZARRO C, ÁLVAREZ A, et al. Study of biomass combustion wastes[J]. Fuel, 2015, 148: 152-159.

[18] THY P, GRUNDVIG S, JENKINS B M, et al. Analytical controlled losses of potassium from straw ashes[J]. Energy&Fuels, 2005, 19(6): 2571-2575.

[19] WANG B, SUN L, SU S, et al. Char structural evolution during pyrolysis and its influence on combustion reactivity in air and oxy-fuel conditions[J].

Energy & Fuels, 2012, 26(3): 1565-1574.

[20] HUANG Y F, KUAN W H, LO S L, et al. Total recovery of resources and energy from rice straw using microwave-induced pyrolysis [J]. Bioresource Technology, 2008, 99(17): 8252-8258.

[21] BAKKER R R, JENKINS B M, WILLIAMS R B. Fluidized bed combustion of leached rice straw[J]. Energy & Fuels, 2002, 16(2): 356-365.

[22] WANG G, SILVA R B, AZEVEDO J L T, et al. Evaluation of the combustion behaviour and ash characteristics of biomass waste derived fuels, pine and coal in a drop tube furnace[J]. Fuel, 2014, 117: 809-824.

[23] OKASHA F, EL-NAGGAR M, ZEIDAN E. Enhancing emissions reduction and combustion processes for biomass in a fluidized bed[J]. Energy & Fuels, 2014, 28(10): 6610-6617.

[24] OKASHA F, ZAATER G, EL-EMAM S, et al. Co-combustion of biomass and gaseous fuel in a novel configuration of fluidized bed: Combustion characteristics[J]. Fuel, 2014, 133: 143-152.

[25] OKASHA F, ZAATER G, EL-EMAM S, et al. Co-combustion of biomass and gaseous fuel in a novel configuration of fluidized bed: thermal characteristics [J]. Energy Conversion and Management, 2014, 84: 488-496.

[26] SKRIFVAR B J, YRJAS P, LAURÉN T, et al. The fouling behavior of rice husk ash in fluidized-bed combustion. 2. pilot-scale and full-scale measurements[J]. Energy & Fuels, 2005, 19(4): 1512-1519.

[27] ARVELAKIS S, JENSEN P A, DAM-JOHANSEN K. Simultaneous thermal analysis (STA) on ash from high-alkali biomass[J]. Energy & Fuels, 2004, 18(4): 1066-1076.

[28] ZHANG Y, GHALY A E, LI B. Physical properties of rice residues as affected by variety and climatic and cultivation conditions in three continents[J]. American Journal of Applied Sciences, 2012, 9(11): 1757-1768.

[29] ZHANG Y, GHALY A E, LI B. Physical properties of wheat straw varieties cultivated under different climatic and soil conditions in three continents[J]. American Journal of Engineering and Applied Sciences, 2012, 5(2): 98-106.

[30] ZHANG Y, GHALY A E, LI B. Availability and physical properties of residues from major agricultural crops for energy conversion through thermochemical processes[J]. American Journal of Agricultural and Biological Science, 2012, 7(3): 312-321.

[31] ZHANG Y, GHALY A E, LI B. Physical properties of corn residues[J]. American Journal of Biochemistry and Biotechnology, 2012, 8(2): 44-53.

[32] ZHANG Y, LI B, ZHANG H. Exergy of biomass[M]. New York: Nova Science Publishers, 2020.

第8章

麦秸秆燃料的化学㶲

麦秸秆是麦子的茎,是麦子生长、加工等过程中的一种重要废弃物。和稻壳、稻草等燃料一样,巨量的麦秸秆产量可以提供巨大的能量。本章基于 4 种小麦秸秆、3 种大麦秸秆、3 种燕麦秸秆、2 种黑麦秸秆共 12 种麦秸秆燃料的水分、灰分成分、元素成分、热值等基本特性,详细研究麦秸秆燃料的氧气分离㶲、化学反应㶲、产物扩散㶲和化学㶲(总㶲)等多过程化学㶲特性,并通过计算氧气分离㶲、化学反应㶲和产物扩散㶲占化学㶲的比例来研究麦秸秆燃料化学㶲的分布特性。在此基础上,提出基于低位热值和高位热值估算麦秸秆燃料化学㶲的新经验公式,并研究相对误差以分析新经验公式的精度。

8.1 概　　述

　　麦秸秆是麦子的茎,是麦子生长、加工等过程中的一种重要废弃物。麦秸秆有广泛的用途,可以用来编制草帽、草墩及各种工艺品,还可以用作饲料、堆肥料、燃料等。

　　麦子主要有小麦、大麦、燕麦和黑麦等。图 8.1 所示为 2001—2020 年世界小麦、大麦、燕麦和黑麦的产量,其值分别在 5.48 亿～7.72 亿 t、1.23 亿～1.58 亿 t、0.19 亿～0.26 亿 t 和 0.11 亿～0.23 亿 t 之间波动。和稻壳、稻草等燃料一样,巨量的麦秸秆产量可以提供巨大的能量。

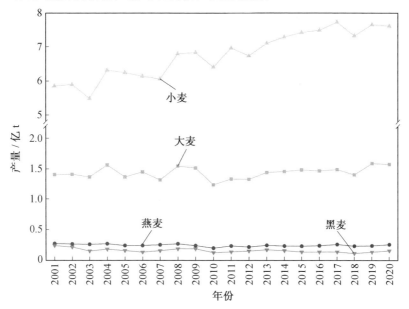

图 8.1　2001—2020 年世界小麦、大麦、燕麦和黑麦的产量

生物质燃料的化学㶲:基于多过程热力学模型

㶲分析已广泛应用麦秸秆燃料能量特性、生物乙醇过程、气化系统、热解系统等的深入分析。麦秸秆燃料的化学㶲是对麦秸秆燃料的能量特性、生物乙醇过程、气化系统、热解系统等进行㶲分析的基础。因此,本章开展麦秸秆燃料化学㶲的深入研究。

8.2 麦秸秆燃料的基本特性

麦秸秆燃料的基本特性主要包括水分、粒径、空隙率等物理特性和元素成分、灰分成分、热值等化学特性。麦秸秆燃料的水分、灰分成分、元素成分、热值等基本特性是计算麦秸秆燃料化学㶲的基础,因此在本节中做详细陈述。

8.2.1 麦秸秆燃料样品的基本信息

选用了 12 种麦秸秆燃料样品,其基本信息见表 8.1。12 种麦秸秆样品均来源于加拿大,包括 4 种小麦秸秆、3 种大麦秸秆、3 种燕麦秸秆和 2 种黑麦秸秆。

表 8.1　12 种麦秸秆燃料的基本信息

麦秸秆	编号	名称
小麦	1	Max
	2	Absolvant
	3	Monopol
	4	Vuka
大麦	5	Kadeth
	6	Laurier
	7	Leger
燕麦	8	Sentinel
	9	Shaw
	10	Tibor
黑麦	11	Kustro
	12	Danko

8.2.2　麦秸秆燃料的水分

12 种麦秸秆燃料的水分和灰分(收到基数据)见表 8.2。12 种麦秸秆燃料的水分质量分数在 10%～18% 之间,黑麦秸秆的水分质量分数(17%～18%)高于其他麦秸秆燃料的水分质量分数(10%～15%)。

整体上,12 种麦秸秆燃料的水分质量分数比 24 种稻草燃料的水分质量分数和 28 种稻壳燃料的水分质量分数略高,比 64 种木质生物质燃料的水分更集中一些。

麦秸秆燃料的水分主要受燃料种类、燃料来源、存储方式、存储时间、加工方式、加工过程、测定方法、测定条件等因素影响。

表 8.2　12 种麦秸秆燃料的水分和灰分(收到基数据)　　　　　　%

麦秸秆	编号	水分	灰分
小麦	1	12	3.49
	2	13	2.87
	3	10	3.41
	4	12	4.95
大麦	5	12	7.41
	6	11	4.02
	7	15	3.97
燕麦	8	12	3.95
	9	10	1.99
	10	10	1.39
黑麦	11	17	1.70
	12	18	2.71

8.2.3　麦秸秆燃料的灰分成分

12 种麦秸秆燃料的灰分(收到基数据)见表 8.2。12 种麦秸秆燃料灰分的收到基数据在 1.39%～7.41% 之间,大麦秸秆的灰分质量分数(3.97%～7.41%)略高于其他麦秸秆燃料的灰分质量分数(1.39%～4.95%)。

整体上,12 种麦秸秆燃料的灰分成分低于 24 种稻草燃料的灰分质量分数,与 28 种稻壳燃料的灰分质量分数相似,比 64 种木质生物质燃料灰分的收到基数据更集中一些。

同样,麦秸秆燃料的灰分主要由燃料本身决定,水分对灰分的收到基数据也有一定影响(水分的增加会降低灰分的收到基数据)。

麦秸秆燃料的灰分主要含有 Al_2O_3、CaO、Fe_2O_3、K_2O、MgO、Na_2O、P_2O_5、SO_3、SiO_2 等氧化物。12 种麦秸秆燃料的灰分成分数据见表 8.3。12 种麦秸秆燃料灰分中 Al_2O_3、CaO、Fe_2O_3、K_2O、MgO、Na_2O、P_2O_5、SO_3、SiO_2 的质量分数分别为 0.28%~5.89%、3.76%~15.81%、0.24%~2.81%、8.00%~51.03%、2.13%~6.63%、0.70%~1.95%、3.00%~9.65%、0.70%~2.52%和14.75%~65.54%。麦秸秆燃料灰分成分的质量分数主要受其种类和生产过程等因素影响。

12 种麦秸秆燃料灰分的主要成分为 SiO_2(14.75%~65.54%)、K_2O(8.00%~51.03%)、CaO(3.76%~15.81%)、P_2O_5(3.00%~9.65%)、MgO(2.13%~6.63%)、Al_2O_3(0.28%~5.89%)、Fe_2O_3(0.24%~2.81%)、SO_3(0.70%~2.52%)和 Na_2O(0.70%~1.95%)等。

与 24 种稻草、28 种稻壳燃料灰分成分的质量分数相比,12 种麦秸秆燃料的灰分中 K_2O 的质量分数稍高,SiO_2 稍低。

表 8.3　12 种麦秸秆燃料的灰分成分数据　　　　　　　　　　　　%

麦秸秆及编号		Al_2O_3	CaO	Fe_2O_3	K_2O	MgO	Na_2O	P_2O_5	SO_3	SiO_2
小麦	1	1.08	11.32	0.63	23.87	5.37	0.70	5.95	1.45	40.33
	2	0.54	15.05	0.86	25.43	5.22	1.66	9.65	2.52	31.47
	3	0.73	10.79	0.76	36.15	4.19	0.97	6.50	2.47	27.26
	4	0.63	8.43	0.59	51.03	3.07	1.09	5.50	2.10	26.71
大麦	5	1.16	5.91	0.62	40.59	2.39	0.85	6.10	2.00	25.59
	6	4.81	11.78	2.33	8.00	4.27	0.81	7.25	1.62	51.96
	7	5.60	9.98	2.81	9.16	4.30	0.79	7.25	1.62	53.59
燕麦	8	5.30	3.76	2.49	10.76	2.13	0.97	3.00	0.70	65.54
	9	2.18	8.85	1.43	25.75	6.63	1.95	4.80	0.70	33.68
	10	0.28	8.92	0.24	40.98	5.33	0.74	8.65	2.12	14.75
黑麦	11	1.44	15.81	1.43	18.37	5.46	1.55	6.37	1.15	40.31
	12	5.89	8.11	2.52	13.92	4.05	0.95	9.00	1.07	47.05

8.2.4　麦秸秆燃料的元素成分

12 种麦秸秆燃料的元素成分(收到基数据)见表 8.4。12 种麦秸秆燃料的元素成分主要包括 C、H、O、N、S 等。

12 种麦秸秆燃料 C、H、O、N 和 S 的质量分数分别为 44.26%～46.61%、4.97%～6.04%、41.59%～46.62%、0.13%～1.33% 和 0.05%～0.19%。12 种麦秸秆燃料主要含有 C(44.26%～46.61%)、O(41.59%～46.62%) 和 H(4.97%～6.04%) 等元素,还有少量的 N(0.13%～1.33%) 和 S(0.05%～0.19%) 等元素。以上数据显示,12 种麦秸秆燃料的元素成分并无太大区别。

整体上,12 种麦秸秆燃料 C、H、O、N 和 S 的质量分数分别与 24 种稻草燃料和 28 种稻壳燃料 C、H、O、N 和 S 的质量分数相似。

表 8.4　12 种麦秸秆燃料的元素成分(收到基数据)　　　　　%

麦秸秆及编号		C	H	O	N	S
小麦	1	46.04	5.76	43.79	0.83	0.08
	2	45.96	5.92	44.78	0.34	0.12
	3	45.97	5.78	44.15	0.55	0.12
	4	44.26	4.97	44.48	1.16	0.13
大麦	5	44.54	5.12	41.59	0.82	0.19
	6	45.47	5.61	44.57	0.20	0.12
	7	46.01	5.45	44.07	0.39	0.10
燕麦	8	46.30	6.02	43.47	0.13	0.11
	9	45.00	6.00	46.52	0.42	0.05
	10	44.94	5.51	46.62	1.33	0.16
黑麦	11	46.61	5.62	45.85	0.14	0.07
	12	45.67	6.04	45.14	0.33	0.10

8.2.5　麦秸秆燃料的热值

12 种麦秸秆燃料的热值(收到基数据)见表 8.5。12 种麦秸秆燃料的高位热值和低位热值分别为 18.18～19.96 MJ/kg 和 17.07～18.71 MJ/kg。

麦秸秆燃料的高位热值和低位热值主要受其 C、H 等可燃元素的质量分数影响。通常,高位热值较高的燃料低位热值也较高,例如第 5 种麦秸秆燃料的高位热值(18.18 MJ/kg)最低,同时低位热值(17.07 MJ/kg)也最低,而第 3 种麦秸秆燃料的高位热值(19.96 MJ/kg)最高,同时低位热值(18.71 MJ/kg)也最高。12 种麦秸秆燃料各自的高位热值和低位热值并无太大差异。

整体上,12 种麦秸秆燃料的高位热值和低位热值略高于 24 种稻草燃料和 28 种稻壳燃料的高位热值和低位热值,但比 64 种木质生物质燃料的高位热值和低位热值更集中一些。

表 8.5   12 种麦秸秆燃料的热值(收到基数据)　　　　　　　　　　MJ/kg

麦秸秆	编号	高位热值(HHV)	低位热值(LHV)
小麦	1	19.62	18.38
	2	19.59	18.31
	3	19.96	18.71
	4	19.36	18.29
大麦	5	18.18	17.07
	6	18.96	17.76
	7	19.38	18.20
燕麦	8	18.96	17.66
	9	19.50	18.21
	10	18.98	17.80
黑麦	11	19.36	18.15
	12	19.25	17.95

8.3 麦秸秆燃料的化学㶲

基于第 4 章中生物质燃料化学㶲的修正式(4.15),本节研究麦秸秆燃料的多过程㶲特性。

8.3.1 麦秸秆燃料的氧气分离㶲

图 8.2 所示为 12 种麦秸秆燃料的氧气分离㶲,具体数值见表 8.6(图 8.2 中

氧气分离㶲的数值取绝对值)。

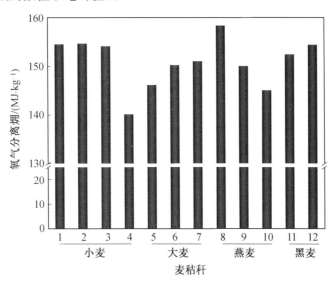

图 8.2　12 种麦秸秆燃料的氧气分离㶲

表 8.6　12 种麦秸秆燃料的化学㶲

麦秸秆及编号		氧气分离㶲 /(kJ·kg⁻¹)	化学反应㶲 /(MJ·kg⁻¹)	灰分扩散㶲 /(kJ·kg⁻¹)	气体扩散㶲 /(kJ·kg⁻¹)	产物扩散㶲 /(kJ·kg⁻¹)	化学㶲 /(MJ·kg⁻¹)
小麦	1	−154.58	20.04	58.91	796.92	855.83	20.75
	2	−154.73	19.99	57.17	799.75	856.92	20.69
	3	−154.16	20.37	76.18	799.49	875.67	21.09
	4	−140.12	19.86	137.87	769.11	906.98	20.63
大麦	5	−146.17	18.59	168.75	779.96	948.71	19.39
	6	−150.31	19.35	45.02	790.10	835.12	20.04
	7	−151.10	19.79	45.78	796.55	842.33	20.48
燕麦	8	−158.44	19.31	36.76	804.64	841.40	19.99
	9	−150.12	19.93	35.02	777.44	812.46	20.59
	10	−145.09	19.51	33.96	785.91	819.87	20.18
黑麦	11	−152.52	19.78	26.99	804.07	831.06	20.45
	12	−154.49	19.65	36.84	793.52	830.36	20.32

12 种麦秸秆燃料的氧气分离㶲在 140.12~158.44 kJ/kg 之间。小麦秸秆燃料 4 的氧气分离㶲最低;燕麦燃料秸秆 8 的氧气分离㶲最高。但是,12 种麦秸秆燃料的氧气分离㶲并无很大差别。

12 种麦秸秆燃料的氧气分离㶲略高于 24 种稻草燃料的氧气分离㶲和 28 种稻壳燃料的氧气分离㶲,比 64 种木质生物质燃料的氧气分离㶲更集中一些。

12 种麦秸秆燃料氧气分离㶲的大小主要取决于麦秸秆燃料中 C、H、O 等元素质量分数的大小(表 8.4)。

8.3.2　麦秸秆燃料的化学反应㶲

图 8.3 所示为 12 种麦秸秆燃料的化学反应㶲,具体数值见表 8.6。12 种麦秸秆燃料的化学反应㶲在 18.59～20.37 MJ/kg 之间。第 5 种麦秸秆燃料的化学反应㶲最低;第 3 种麦秸秆燃料的化学反应㶲最高。

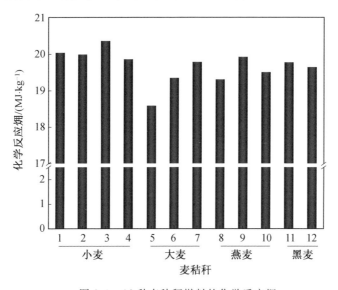

图 8.3　12 种麦秸秆燃料的化学反应㶲

生物质燃料的化学反应㶲主要由其热值决定。第 5 种麦秸秆燃料的化学反应㶲最低,是由于其高位热值和低位热值最低;第 3 种麦秸秆燃料的化学反应㶲最高,是由于其高位热值和低位热值最高。虽然小麦秸秆燃料的化学反应㶲略高于其他麦秸秆燃料的化学反应㶲,但整体来讲,12 种麦秸秆燃料化学反应㶲的差异并不很大。

12 种麦秸秆燃料的化学反应㶲略高于 24 种稻草燃料的化学反应㶲和 28 种稻壳燃料的化学反应㶲,但比 64 种木质生物质燃料的化学反应㶲更集中一些,同样是由生物质燃料的热值决定的。

8.3.3　麦秸秆燃料的产物扩散㶲

麦秸秆燃料的产物扩散㶲包括灰分扩散㶲和气体扩散㶲,其为灰分扩散㶲和气体扩散㶲之和。

图 8.4 所示为 12 种麦秸秆燃料的灰分扩散㶲,具体数值见表 8.6。12 种麦秸秆燃料的灰分扩散㶲在 26.99～168.75 kJ/kg 之间。第 11 种麦秸秆燃料的灰分扩散㶲最低;第 5 种麦秸秆燃料的灰分扩散㶲最高。麦秸秆燃料的灰分扩散㶲由其灰分质量分数和灰分化学㶲共同决定。整体上,12 种麦秸秆燃料的灰分扩散㶲高于 28 种稻壳燃料的灰分扩散㶲,比 24 种稻草燃料的灰分扩散㶲和 64 种木质生物质燃料的灰分扩散㶲更集中一些。

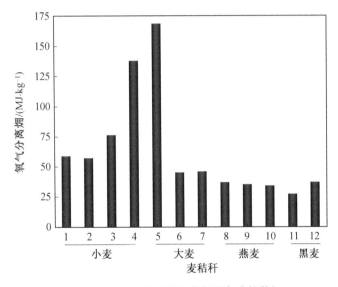

图 8.4　12 种麦秸秆燃料的灰分扩散㶲

图 8.5 所示为 12 种麦秸秆燃料的气体扩散㶲,具体数值见表 8.6。12 种麦秸秆燃料的气体扩散㶲在 769.11～804.64 kJ/kg 之间。第 4 种麦秸秆燃料的气体扩散㶲最低;第 8 种麦秸秆燃料的气体扩散㶲最高。麦秸秆燃料的气体扩散㶲主要由气体的质量浓度决定。12 种麦秸秆燃料的气体扩散㶲略高于 24 种稻草燃料的气体扩散㶲和 28 种稻壳燃料的气体扩散㶲,比 64 种木质生物质燃料的气体扩散㶲更集中一些。

图 8.6 所示为 12 种麦秸秆燃料的产物扩散㶲,具体数值见表 8.6。12 种麦秸秆燃料的产物扩散㶲在 812.46～948.71 kJ/kg 之间。第 9 种麦秸秆燃料的产物扩散㶲最低;第 5 种麦秸秆燃料的产物扩散㶲最高。麦秸秆燃料的产物扩散㶲

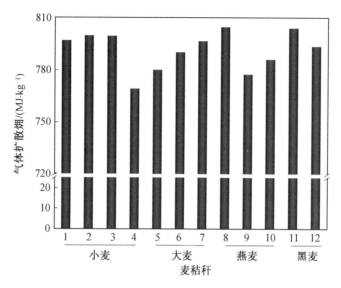

图 8.5 12 种麦秸秆燃料的气体扩散㶲

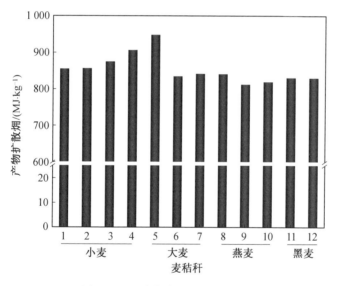

图 8.6 12 种麦秸秆燃料的产物扩散㶲

为灰分扩散㶲和气体扩散㶲之和,第 9 种麦秸秆燃料的产物扩散㶲最低,是由于其灰分扩散㶲和气体扩散㶲较低;第 5 种麦秸秆燃料的产物扩散㶲最高,是由于其灰分扩散㶲最高和气体扩散㶲较高。12 种麦秸秆燃料的产物扩散㶲略高于 24 种稻草燃料的产物扩散㶲和 28 种稻壳燃料的产物扩散㶲,但比 64 种木质生物质燃料的产物扩散㶲更集中一些。

8.3.4　麦秸秆燃料的化学㶲

图 8.7 所示为 12 种麦秸秆燃料的化学㶲,具体数值见表 8.6。12 种麦秸秆燃料的化学㶲在 19.39～21.09 MJ/kg 之间。第 5 种麦秸秆燃料的化学㶲最低;第 3 种麦秸秆燃料的化学㶲最高。

12 种麦秸秆燃料的化学㶲由其氧气分离㶲、化学反应㶲和产物扩散㶲共同决定。图 8.7 中第 3、5 种麦秸秆燃料的化学㶲分别最高和最低,与图 8.3 中第 3、5 种麦秸秆燃料的化学反应㶲分别最高和最低一致,主要是因为麦秸秆燃料的化学反应㶲远高于其氧气分离㶲和产物扩散㶲。

12 种麦秸秆燃料的化学㶲略高于 24 种稻草燃料和 28 种稻壳燃料的化学㶲,但比 64 种木质生物质燃料的化学㶲更集中,主要是由各自的热值决定的。

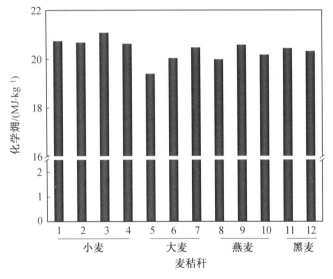

图 8.7　12 种麦秸秆燃料的化学㶲

8.4　麦秸秆燃料化学㶲的分布

在麦秸秆燃料氧气分离㶲、化学反应㶲、产物扩散㶲和化学㶲(总㶲)的基础上,可以计算麦秸秆燃料氧气分离㶲、化学反应㶲和产物扩散㶲的比例,从而获得麦秸秆燃料化学㶲的分布特性。

同样,本节中麦秸秆燃料氧气分离㶲、化学反应㶲和产物扩散㶲的比例分别由式(5.1)~(5.3)计算获得。

8.4.1 麦秸秆燃料氧气分离㶲的比例

图 8.8 所示为 12 种麦秸秆燃料氧气分离㶲的比例,具体数值见表 8.7。表 8.7 中氧气分离㶲的数值为负值,表示外界对系统做功。

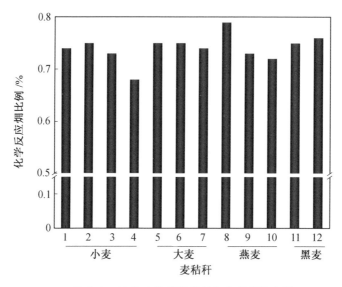

图 8.8 12 种麦秸秆燃料氧气分离㶲的比例

12 种麦秸秆燃料氧气分离㶲的比例在 0.68%~0.79%之间。第 4 种麦秸秆燃料氧气分离㶲的比例最低;第 8 种麦秸秆燃料氧气分离㶲的比例最高。各种麦秸秆燃料氧气分离㶲的比例差异并不明显。

由生物质燃料氧气分离㶲的比例定义(5.1)可知,生物质燃料氧气分离㶲的比例由其氧气分离㶲的数值和化学㶲的数值共同决定。因此,12 种麦秸秆燃料氧气分离㶲的比例也由其氧气分离㶲的数值和化学㶲的数值共同决定。

12 种麦秸秆燃料氧气分离㶲的比例比 24 种稻草燃料氧气分离㶲的比例、28 种稻壳燃料氧气分离㶲的比例和 64 种木质生物质燃料氧气分离㶲的比例稍微集中一些,但差别并不是太大。

表 8.7　麦秸秆燃料的化学㶲分布　　　　　　　　%

麦秸秆	编号	氧气分离㶲	化学反应㶲	产物扩散㶲
小麦	1	−0.74	96.58	4.17
	2	−0.75	96.62	4.13
	3	−0.73	96.59	4.14
	4	−0.68	96.27	4.41
大麦	5	−0.75	95.87	4.88
	6	−0.75	96.56	4.19
	7	−0.74	96.63	4.11
燕麦	8	−0.79	96.60	4.19
	9	−0.73	96.79	3.93
	10	−0.72	96.68	4.04
黑麦	11	−0.75	96.72	4.02
	12	−0.76	96.70	4.06

8.4.2　麦秸秆燃料化学反应㶲的比例

图 8.9 所示为 12 种麦秸秆燃料化学反应㶲的比例,具体数值见表 8.7。12 种麦秸秆燃料化学反应㶲的比例在 95.87%～96.79% 之间。第 5 种麦秸秆燃料化学反应㶲的比例最低;第 9 种麦秸秆燃料化学反应㶲的比例最高。各种麦秸秆燃料化学反应㶲的比例差异不大。

由生物质燃料化学反应㶲的比例定义式(5.2)可知,生物质燃料化学反应㶲的比例由其化学反应㶲的数值和化学㶲的数值共同决定。因此,12 种麦秸秆燃料化学反应㶲的比例也由其化学反应㶲的数值和化学㶲的数值共同决定。

12 种麦秸秆燃料化学反应㶲的比例与 24 种稻草燃料化学反应㶲的比例、28 种稻壳燃料化学反应㶲的比例和 64 种木质生物质燃料化学反应㶲的比例均相近。

8.4.3　麦秸秆燃料产物扩散㶲的比例

图 8.10 所示为 12 种麦秸秆燃料产物扩散㶲的比例,具体数值见表 8.7。12 种麦秸秆燃料产物扩散㶲的比例在 3.93%～4.88% 之间。第 9 种麦秸秆燃料产

生物质燃料的化学㶲:基于多过程热力学模型

物扩散㶲的比例最低;第5种麦秸秆燃料产物扩散㶲的比例最高。各种麦秸秆燃料产物扩散㶲的比例差异不大。

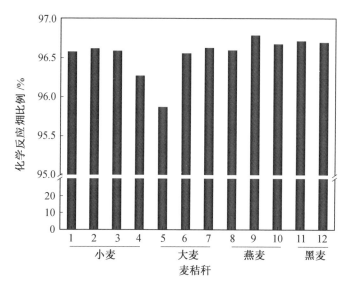

图 8.9　12 种麦秸秆燃料化学反应㶲的比例

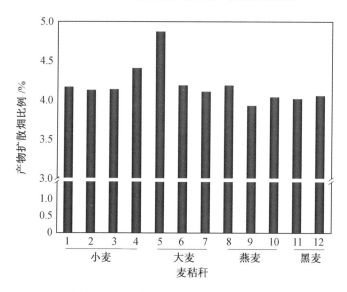

图 8.10　12 种麦秸秆燃料产物扩散㶲的比例

由生物质燃料产物扩散㶲的比例定义式(5.3)可知,生物质燃料产物扩散㶲的比例由其产物扩散㶲的数值和化学㶲的数值共同决定。因此,12 种麦秸秆燃

230

料产物扩散㶲的比例也由其产物扩散㶲的数值和化学㶲的数值共同决定。

12 种麦秸秆燃料产物扩散㶲的比例与 24 种稻草燃料产物扩散㶲的比例、28 种稻壳燃料产物扩散㶲的比例和 64 种木质生物质燃料产物扩散㶲的比例相近。

8.4.4　麦秸秆燃料化学㶲的分布

图 8.11 所示为 12 种麦秸秆燃料化学㶲的分布,其氧气分离㶲、化学反应㶲和产物扩散㶲分布数据见表 8.7。

12 种麦秸秆燃料的化学㶲的分布情况为:化学反应㶲(95.87%~96.79%)>产物扩散㶲(3.93%~4.88%)>氧气分离㶲(0.68%~0.79%),各种麦秸秆燃料的化学㶲的分布特性差异不大。

12 种麦秸秆燃料的化学㶲的分布情况与 24 种稻草燃料、28 种稻壳燃料、64 种木质生物质燃料的化学㶲的分布情况相似。12 种麦秸秆燃料的化学㶲主要由其化学反应㶲决定。

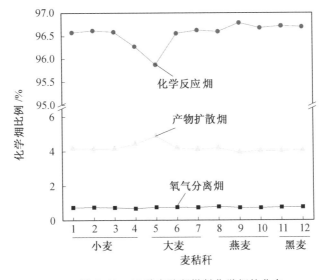

图 8.11　12 种麦秸秆燃料化学㶲的分布

8.5　麦秸秆燃料化学㶲的估算

12 种麦秸秆燃料的化学㶲分布特性表明,12 种麦秸秆燃料的化学㶲主要由其化学反应㶲决定,即主要由其热值决定。本节探求 12 种麦秸秆燃料的化学㶲与其热值的关联关系。

8.5.1 基于低位热值的经验公式

图 8.12 所示为 12 种麦秸秆燃料的低位热值和化学㶲。12 种麦秸秆燃料化学㶲的变化趋势与其低位热值的变化趋势非常相似,因此,也可以考虑通过麦秸秆燃料的低位热值估算其化学㶲(图 8.13)。

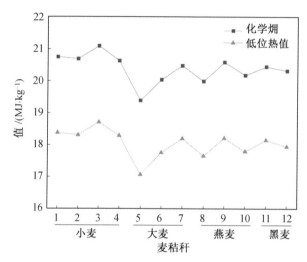

图 8.12　12 种麦秸秆燃料的低位热值和化学㶲

式(8.1)给出了 12 种麦秸秆燃料的化学㶲基于低位热值的估算,其经验关联式为

$$Ex=1.725+1.034LHV(R^2=0.993) \tag{8.1}$$

式中　Ex——麦秸秆燃料的化学㶲,MJ/kg;

　　　LHV——麦秸秆燃料的低位热值,MJ/kg。

图 8.14 给出了 12 种麦秸秆燃料化学㶲基于低位热值的估算误差,计算化学㶲即麦秸秆燃料多过程化学㶲的计算值,估算化学㶲即通过经验关联式计算的麦秸秆燃料的化学㶲。

12 种麦秸秆燃料基于低位热值的化学㶲估算分析见表 8.8。12 种麦秸秆燃料化学㶲的估算相对误差在 −0.25% ～0.31% 之间,表明经验关联式(8.1)可以较好地估算麦秸秆燃料的化学㶲。

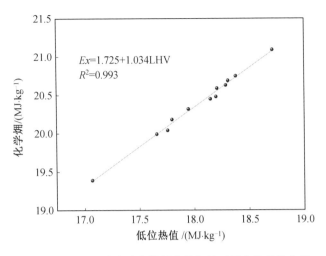

图 8.13　12 种麦秸秆燃料化学㶲基于低位热值的估算

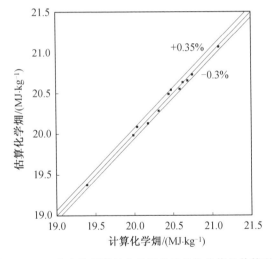

图 8.14　12 种麦秸秆燃料化学㶲基于低位热值的估算误差

表 8.8　12 种麦秸秆燃料基于低位热值的化学㶲估算分析

麦秸秆	编号	计算化学㶲/(MJ · kg^{-1})	估算化学㶲/(MJ · kg^{-1})	相对误差/%
小麦	1	20.75	20.73	−0.10
	2	20.69	20.66	−0.16
	3	21.09	21.07	−0.09
	4	20.63	20.64	0.03

续表8.8

麦秸秆	编号	计算化学㶲/(MJ·kg^{-1})	估算化学㶲/(MJ·kg^{-1})	相对误差/%
大麦	5	19.39	19.38	−0.08
	6	20.04	20.09	0.24
	7	20.48	20.54	0.31
燕麦	8	19.99	19.99	−0.02
	9	20.59	20.55	−0.17
	10	20.18	20.13	−0.25
黑麦	11	20.45	20.49	0.21
	12	20.32	20.29	−0.17

8.5.2 基于高位热值的经验公式

图 8.15 所示为 12 种麦秸秆燃料的高位热值和化学㶲。12 种麦秸秆燃料化学㶲的变化趋势与其高位热值的变化趋势非常相似,因此,也可以考虑通过麦秸秆燃料的高位热值估算其化学㶲。

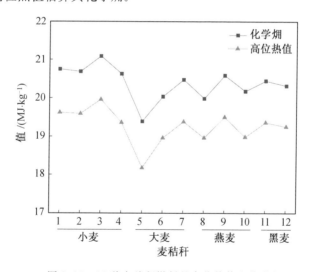

图 8.15 12 种麦秸秆燃料的高位热值和化学㶲

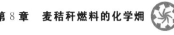

图 8.16 给出了 12 种麦秸秆燃料化学㶲基于高位热值的估算关联关系式为

$$Ex = 1.756 + 0.967 HHV (R^2 = 0.977) \tag{8.2}$$

式中　Ex——麦秸秆燃料的化学㶲，MJ/kg；

　　　　HHV——麦秸秆燃料的高位热值，MJ/kg。

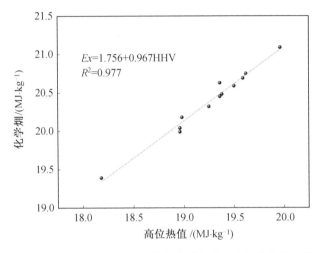

图 8.16　12 种麦秸秆燃料化学㶲基于高位热值的估算

图 8.17 给出了 12 种麦秸秆燃料化学㶲基于高位热值的估算误差，估算化学㶲即通过经验关联式计算麦秸秆燃料的化学㶲。

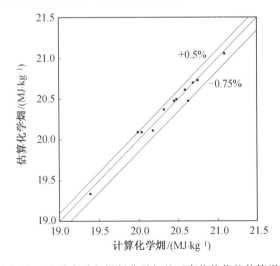

图 8.17　12 种麦秸秆燃料化学㶲基于高位热值的估算误差

12 种麦秸秆燃料基于高位热值的化学㶲估算分析见表 8.9。12 种麦秸秆燃料化学㶲的估算误差在-0.75%~0.50%之间,表明经验关联式(8.2)可以较好地估算麦秸秆燃料的化学㶲。

表 8.9　12 种麦秸秆燃料基于高位热值的化学㶲估算分析

麦秸秆	编号	计算化学㶲/(MJ·kg^{-1})	估算化学㶲/(MJ·kg^{-1})	相对误差/%
小麦	1	20.75	20.73	-0.10
	2	20.69	20.70	0.05
	3	21.09	21.06	-0.16
	4	20.63	20.48	-0.75
大麦	5	19.39	19.34	-0.28
	6	20.04	20.09	0.25
	7	20.48	20.50	0.08
燕麦	8	19.99	20.09	0.50
	9	20.59	20.61	0.11
	10	20.18	20.11	-0.35
黑麦	11	20.45	20.48	0.13
	12	20.32	20.37	0.25

8.6　本章小结

本章研究了 12 种麦秸秆燃料的多过程化学㶲特性。12 种麦秸秆燃料的氧气分离㶲、化学反应㶲、产物扩散㶲和化学㶲(总㶲)分别为 140.12~158.44 kJ/kg、18.59~20.37 MJ/kg、812.46~948.71 kJ/kg 和 19.39~21.09 MJ/kg。

12 种麦秸秆燃料的化学㶲分布特性为:化学反应㶲(95.87%~96.79%)>产物扩散㶲(3.93%~4.88%)>氧气分离㶲(0.68%~0.79%)。

本章提出了基于低位热值估算麦秸秆燃料化学㶲的经验公式,12 种麦秸秆燃料化学㶲的估算误差在-0.25%~0.31%之间。提出了基于高位热值估算麦秸秆燃料化学㶲的经验公式,12 种麦秸秆燃料化学㶲的估算误差在-0.75%~0.50%之间。

本章参考文献

[1] ZHANG Y，LI B. Biomass gasification：fundamentals，experiments，and simulation[M]. New York：Nova Science Publishers，2020.

[2] ZHANG Y，GHALY A E，LI B. Determination of the exergy of four wheat straws[J]. American Journal of Biochemistry and Biotechnology，2013，9(3)：338-347.

[3] HAMMOND G P，MANSELL R V M. A comparative thermodynamic evaluation of bioethanol processing from wheat straw[J]. Applied Energy，2018，224：136-146.

[4] ZHANG Y，GHALY A L，ERGUDENLER A，et al. Effects of fluidization velocity and equivalence ratio on the energy and exergy of the syngas produced from wheat straw in a dual-distributor type fluidized bed gasifier[J]. Advances in Research，2015，3：20-35.

[5] ZHANG Y，GHALY A L，SADAKA S S，et al. Determination of energy and exergy of syngas produced from air-steam gasification of wheat straw in a dual distributer fluidized bed gasifier[J]. Journal of Energy Research and Reviews，2019，3(1)：1-24.

[6] GRECO G，DI STASI C，REGO F，et al. Effects of slow-pyrolysis conditions on the products yields and properties and on exergy efficiency：a comprehensive assessment for wheat straw[J]. Applied Energy，2020，279：115842.

[7] GHALY A E，AL-TAWEEL A. Physical and thermochemical properties of cereal straws[J]. Energy Sources，1990，12(2)：131-145.

[8] ZHANG Y，LI B，ZHANG H. Exergy of biomass[M]. New York：Nova Science Publishers，2020.

[9] ZHANG Y，GHALY A E，LI B. Physical properties of rice residues as affected by variety and climatic and cultivation conditions in three continents[J]. American Journal of Applied Sciences，2012，9(11)：1757-1768.

[10] ZHANG Y，GHALY A E，LI B. Physical properties of wheat straw varieties cultivated under different climatic and soil conditions in three

continents[J]. American Journal of Engineering and Applied Sciences, 2012, 5(2): 98-106.

[11] ZHANG Y, GHALY A E, LI B. Availability and physical properties of residues from major agricultural crops for energy conversion through thermochemical processes [J]. American Journal of Agricultural and Biological Science, 2012, 7(3): 312-321.

[12] ZHANG Y, GHALY A E, LI B. Physical properties of corn residues[J]. American Journal of Biochemistry and Biotechnology, 2012, 8(2): 44-53.

名词索引